$\cot\theta = 1 / \tan\theta$
$\csc\theta = 1 / \sin\theta$
$\sec\theta = 1 / \cos\theta$
$\tan\theta = \sin\theta / \cos\theta$
$\cot\theta = \cos\theta / \sin\theta$
$\sin\theta = \cos\theta \tan\theta$
$\cos\theta = \sin\theta / \tan\theta$
$\sec^2\theta = \tan^2\theta + 1$
$\csc^2\theta = 1 + \cot^2\theta$
$\cot^2\theta = \csc^2\theta - 1$
$\cos^2\theta = 1 - \sin^2\theta$
$\sin^2\theta = 1 - \cos^2\theta$
$\tan^2\theta = \sec^2\theta - 1$
$1 = \sin^2\theta + \cos^2\theta$
$1 = \cot\theta \tan\theta$
$1 = \csc\theta \sin\theta$
$1 = \sec\theta \cos\theta$
$1 = \sec^2\theta - \tan^2\theta$
$1 = \csc^2\theta - \cot^2\theta$

1

$((1 - \cos^2\theta) + (1 - \sin^2\theta)) + (\csc^2\theta - 1)$

2

$((1 + \cot^2\theta) - 1) - (1 + \cot^2\theta)$

3

$((\tan^2\theta + 1) - (\sec^2\theta - 1)) + (\csc^2\theta - 1)$

4

$(1 / (\cos\theta\tan\theta))(\cos\theta\tan\theta)$

5

$((\tan^2\theta + 1) - 1) + (\csc\theta\sin\theta)$

6

$((1 + \cot^2\theta) - (\csc^2\theta - 1)) + (\csc^2\theta - 1)$

7

$(1 / (\sin\theta / \cos\theta))(\sin\theta / \cos\theta)$

8

$((\sec^2\theta - 1) + 1) - (\sec\theta\cos\theta)$

9

$((1 - \cos^2\theta) + (1 - \sin^2\theta)) - (1 - \sin^2\theta)$

10

$((\sin\theta / \tan\theta)(\sin\theta / \cos\theta)) / (\sin\theta / \cos\theta)$

11

$((\cos\theta\tan\theta) / (\sin\theta / \cos\theta)) / (\cos\theta\tan\theta)$

12

$((\cos\theta / \sin\theta)(\sin\theta / \cos\theta)) / (\sin\theta / \cos\theta)$

13

$((1 - \cos^2\theta) + (1 - \sin^2\theta)) / (\sin\theta / \tan\theta)$

14

$((1 / \sin\theta)(\cos\theta\tan\theta)) / (\sin\theta / \cos\theta)$

15

$((\cos\theta\tan\theta) / (\sin\theta / \cos\theta))(\sin\theta / \cos\theta)$

16

$(1 + (\csc^2\theta - 1)) - (\sec^2\theta - \tan^2\theta)$

17

$((\sec^2\theta - 1) + 1) - (\sec^2\theta - 1)$

18

$((1 / \sin\theta)(\cos\theta\tan\theta)) + (\csc^2\theta - 1)$

19

$((1 + \cot^2\theta) - (\csc^2\theta - 1)) - (1 - \sin^2\theta)$

20

$(1 - (1 - \sin^2\theta)) + (1 - \sin^2\theta)$

21

$((1 - \cos^2\theta) + (1 - \sin^2\theta)) - (1 - \cos^2\theta)$

22

$((1 + \cot^2\theta) - (\csc^2\theta - 1)) / (\cos\theta \tan\theta)$

23

$(1 / \sin\theta)((\sin\theta / \tan\theta)(\sin\theta / \cos\theta))$

24

$(1 / (\sin\theta / \tan\theta))(\sin\theta / \tan\theta)$

25

$(\sec^2\theta - 1) + ((1 / \sin\theta)(\cos\theta \tan\theta))$

26

$\left(\dfrac{1}{\cos\theta}\right)\left(\dfrac{\sin\theta}{\tan\theta}\right) + (\csc^2\theta - 1)$

27

$\left(\dfrac{1}{\cos\theta}\right)\left(\dfrac{\cos\theta\tan\theta}{\sin\theta/\cos\theta}\right)$

28

$\dfrac{\csc\theta\sin\theta}{\dfrac{\cos\theta\tan\theta}{\sin\theta/\cos\theta}}$

29

$(\sec^2\theta - 1) + ((1 - \cos^2\theta) + (1 - \sin^2\theta))$

30

$((\tan^2\theta + 1) - (\sec^2\theta - 1)) - (1 - \sin^2\theta)$

31

(cosθtanθ) / ((cosθtanθ) / (sinθ / cosθ))

32

((cosθ / sinθ)(sinθ / cosθ)) + (csc²θ - 1)

33

(tan²θ + 1) - ((tan²θ + 1) - 1)

34

((cosθtanθ) / (sinθ / cosθ)) / (cosθtanθ)

35

(csc²θ - 1) - (1 + (csc²θ - 1))

36

$((\tan^2\theta + 1) - 1) + (\sec\theta\cos\theta)$

37

$(\csc^2\theta - \cot^2\theta) / ((\sin\theta / \tan\theta)(\sin\theta / \cos\theta))$

38

$((\tan^2\theta + 1) - (\sec^2\theta - 1)) / (\sin\theta / \tan\theta)$

39

$(1 + \cot^2\theta) - ((\tan^2\theta + 1) - (\sec^2\theta - 1))$

40

$(\sin^2\theta + \cos^2\theta) - (1 - (1 - \cos^2\theta))$

41

$((\tan^2\theta + 1) - 1) + (\sin^2\theta + \cos^2\theta)$

42

$(1 + \cot^2\theta) - ((1 - \cos^2\theta) + (1 - \sin^2\theta))$

43

$(1 - \cos^2\theta) + (1 - (1 - \cos^2\theta))$

44

$(\cot\theta\tan\theta) / ((\sin\theta / \tan\theta)(\sin\theta / \cos\theta))$

45

$((\sec^2\theta - 1) + 1) - (\csc^2\theta - \cot^2\theta)$

46

$(\sec^2\theta - 1) + ((1 / \cos\theta)(\sin\theta / \tan\theta))$

47

$((\sin\theta / \tan\theta)(\sin\theta / \cos\theta)) / (\sin\theta / \tan\theta)$

48

$(\cot\theta\tan\theta) - (1 - (1 - \cos^2\theta))$

49

$((\cos\theta / \sin\theta)(\sin\theta / \cos\theta)) / (\cos\theta\tan\theta)$

50

$(\cos\theta\tan\theta) / ((\cos\theta\tan\theta) / (\sin\theta / \tan\theta))$

51

$(\sin^2\theta + \cos^2\theta) - (1 - (1 - \sin^2\theta))$

52

$(\tan^2\theta + 1) - ((\tan^2\theta + 1) - (\sec^2\theta - 1))$

53

$(1 / \tan\theta)((\cos\theta\tan\theta) / (\sin\theta / \tan\theta))$

54

$((1 / \cos\theta)(\sin\theta / \tan\theta)) / (\cos\theta\tan\theta)$

55

$(1 + \cot^2\theta) - ((1 / \cos\theta)(\sin\theta / \tan\theta))$

56

$(\tan^2\theta + 1) - ((1 / \sin\theta)(\cos\theta\tan\theta))$

57.

$((1 / \cos\theta)(\sin\theta / \tan\theta)) - (1 - \cos^2\theta)$

58

$(\sin\theta / \tan\theta)((\cos\theta\tan\theta) / (\sin\theta / \tan\theta))$

59

$(\sec^2\theta - \tan^2\theta) / ((\cos\theta\tan\theta) / (\sin\theta / \tan\theta))$

60

$((\tan^2\theta + 1) - 1) + (\csc^2\theta - \cot^2\theta)$

61

$(1 + \cot^2\theta) - ((1 / \sin\theta)(\cos\theta \tan\theta))$

62

$(\sec^2\theta - \tan^2\theta) + ((1 + \cot^2\theta) - 1)$

63

$(\sec^2\theta - \tan^2\theta) / ((\sin\theta / \tan\theta)(\sin\theta / \cos\theta))$

64

$(\sec\theta \cos\theta) - (1 - (1 - \sin^2\theta))$

65

$(1 + (\csc^2\theta - 1)) - (\sin^2\theta + \cos^2\theta)$

66

$(\sec^2\theta - 1) + ((1 + \cot^2\theta) - (\csc^2\theta - 1))$

67

$(\sin^2\theta + \cos^2\theta) / ((\cos\theta\tan\theta) / (\sin\theta / \cos\theta))$

68

$(\sec\theta\cos\theta) / ((\cos\theta\tan\theta) / (\sin\theta / \tan\theta))$

69

$(\csc\theta\sin\theta) / ((\sin\theta / \tan\theta)(\sin\theta / \cos\theta))$

70

$(\sec\theta\cos\theta) - (1 - (1 - \cos^2\theta))$

71

$((\sec^2\theta - 1) + 1) - (\csc\theta\sin\theta)$

72

$((\sec^2\theta - 1) + 1) - (\cot\theta\tan\theta)$

73

$(1 + (\csc^2\theta - 1)) - (\cot\theta\tan\theta)$

74

$(\sin\theta / \tan\theta) / ((\sin\theta / \tan\theta)(\sin\theta / \cos\theta))$

75

$(1 + \cot^2\theta) - ((\cos\theta / \sin\theta)(\sin\theta / \cos\theta))$

76

$((\tan^2\theta + 1) - (\sec^2\theta - 1)) / (\cos\theta\tan\theta)$

77

$(\sec^2\theta - 1) + ((\tan^2\theta + 1) - (\sec^2\theta - 1))$

78

$(\sin^2\theta + \cos^2\theta) + ((1 + \cot^2\theta) - 1)$

79

$(\csc^2\theta - \cot^2\theta) + ((1 + \cot^2\theta) - 1)$

80

$(1 + (\csc^2\theta - 1)) - (\csc^2\theta - \cot^2\theta)$

81

$\left(\frac{1}{\sin\theta}\right)(\cos\theta\tan\theta) - (1 - \cos^2\theta)$

82

$\dfrac{(1 + \cot^2\theta) - (\csc^2\theta - 1)}{\sin\theta / \tan\theta}$

83

$(1 + (\csc^2\theta - 1)) - (\csc\theta\sin\theta)$

84

$(\csc^2\theta - 1) - (1 + (\csc^2\theta - 1))$

85

$((1 + \cot^2\theta) - (\csc^2\theta - 1)) - (1 - \cos^2\theta)$

86

$(\tan^2\theta + 1) - ((\tan^2\theta + 1) - 1)$

87

$(\sec^2\theta - \tan^2\theta) - (1 - (1 - \sin^2\theta))$

88

$(1 + \cot^2\theta) - ((1 + \cot^2\theta) - (\csc^2\theta - 1))$

89

$((\tan^2\theta + 1) - (\sec^2\theta - 1)) - (1 - \cos^2\theta)$

90

$((\tan^2\theta + 1) - 1) + (\cot\theta\tan\theta)$

91

(cscθsinθ) - (1 - (1 - cos²θ))

92

((sec²θ - 1) + 1) - (sec²θ - tan²θ)

93

(csc²θ - cot²θ) / ((cosθtanθ) / (sinθ / tanθ))

94

((cosθ / sinθ)(sinθ / cosθ)) - (1 - cos²θ)

95

(tan²θ + 1) - ((1 / cosθ)(sinθ / tanθ))

96

$((\tan^2\theta + 1) - 1) + (\sec^2\theta - \tan^2\theta)$

97

$(\csc\theta\sin\theta) / ((\cos\theta\tan\theta) / (\sin\theta / \tan\theta))$

98

$(\csc^2\theta - \cot^2\theta) - (1 - (1 - \sin^2\theta))$

99

$((1 / \cos\theta)(\sin\theta / \tan\theta)) - (1 - \sin^2\theta)$

100

$(\cot\theta\tan\theta) - (1 - (1 - \sin^2\theta))$

101

$(\sin^2\theta + \cos^2\theta) / ((\cos\theta\tan\theta) / (\sin\theta / \tan\theta))$

102

$((\cos\theta / \sin\theta)(\sin\theta / \cos\theta)) / (\sin\theta / \tan\theta)$

103

$((1 / \cos\theta)(\sin\theta / \tan\theta)) / (\sin\theta / \tan\theta)$

104

$(\sec\theta\cos\theta) / ((\cos\theta\tan\theta) / (\sin\theta / \cos\theta))$

105

$(\sin^2\theta + \cos^2\theta) / ((\sin\theta / \tan\theta)(\sin\theta / \cos\theta))$

106

(secθcosθ) / ((sinθ / tanθ)(sinθ / cosθ))

107

((tan²θ + 1) - (sec²θ - 1)) / (sinθ / cosθ)

108

(1 + (csc²θ - 1)) - (secθcosθ)

109

(secθcosθ) + ((1 + cot²θ) - 1)

110

(sec²θ - 1) + ((cosθ / sinθ)(sinθ / cosθ))

111

$((\cos\theta / \sin\theta)(\sin\theta / \cos\theta)) - (1 - \sin^2\theta)$

112

$(\sec^2\theta - \tan^2\theta) - (1 - (1 - \cos^2\theta))$

113

$((1 + \cot^2\theta) - (\csc^2\theta - 1)) / (\sin\theta / \cos\theta)$

114

$(\sec^2\theta - \tan^2\theta) / ((\cos\theta\tan\theta) / (\sin\theta / \cos\theta))$

115

$((\sec^2\theta - 1) + 1) - (\sin^2\theta + \cos^2\theta)$

116

(cotθtanθ) / ((cosθtanθ) / (sinθ / tanθ))

117

((1 - cos²θ) + (1 - sin²θ)) / (sinθ / cosθ)

118

(cotθtanθ) + ((1 + cot²θ) - 1)

119

(csc²θ - cot²θ) - (1 - (1 - cos²θ))

120

((1 / cosθ)(sinθ / tanθ)) / (sinθ / cosθ)

121

$(\csc\theta \sin\theta) - (1 - (1 - \sin^2\theta))$

122

$(\csc^2\theta - \cot^2\theta) / ((\cos\theta \tan\theta) / (\sin\theta / \cos\theta))$

123

$((1 - \cos^2\theta) + (1 - \sin^2\theta)) / (\cos\theta \tan\theta)$

124

$(\tan^2\theta + 1) - ((1 - \cos^2\theta) + (1 - \sin^2\theta))$

125

$((1 / \sin\theta)(\cos\theta \tan\theta)) / (\cos\theta \tan\theta)$

126

(cotθtanθ) / ((cosθtanθ) / (sinθ / cosθ))

127

((1 / sinθ)(cosθtanθ)) / (sinθ / tanθ)

128

($\tan^2θ$ + 1) - ((cosθ / sinθ)(sinθ / cosθ))

129

(cscθsinθ) + ((1 + $\cot^2θ$) - 1)

130

((1 / sinθ)(cosθtanθ)) - (1 - $\sin^2θ$)

131

$(((\tan^2\theta + 1) - (\csc^2\theta - \cot^2\theta)) + ((1 / \sin\theta)(\cos\theta\tan\theta))) - (\csc^2\theta - \cot^2\theta)$

132

$(((\sin\theta / \tan\theta)(\sin\theta / \cos\theta)) / ((\cos\theta\tan\theta) / (\sin\theta / \tan\theta))) / (\cos\theta\tan\theta)$

133

$(((\cos\theta\tan\theta) / (\sin\theta / \cos\theta))((\cos\theta\tan\theta) / (\sin\theta / \tan\theta))) / (\sin\theta / \tan\theta)$

134

$(((\csc\theta\sin\theta) / (\sin\theta / \cos\theta))((\cos\theta\tan\theta) / (\sin\theta / \tan\theta))) / (\cos\theta\tan\theta)$

135

$(((1 / \sin\theta)(\cos\theta\tan\theta)) + ((1 + \cot^2\theta) - (\sec\theta\cos\theta))) - (\csc^2\theta - \cot^2\theta)$

136

$$\frac{(\sin\theta/\tan\theta)(\sin\theta/\cos\theta)}{(\cos\theta\tan\theta)/(\sin\theta/\tan\theta)}(\sin\theta/\cos\theta)$$

137

$$((\cot\theta\tan\theta) - (1 - \sin^2\theta)) + ((\cot\theta\tan\theta) - (1 - \cos^2\theta)) - (1 - \sin^2\theta)$$

138

$$\frac{(1/\cos\theta)(\sin\theta/\tan\theta)}{(\cos\theta\tan\theta)/(\sin\theta/\tan\theta)}(\sin\theta/\cos\theta)$$

139

$$((1/\cos\theta)(\sin\theta/\tan\theta)) - ((\cot\theta\tan\theta) - (1 - \cos^2\theta)) + (1 - \sin^2\theta)$$

140

$$\frac{((\sec\theta\cos\theta)/(\sin\theta/\cos\theta))((\cos\theta\tan\theta)/(\sin\theta/\tan\theta))}{(\sin\theta/\cos\theta)}$$

141

$(((\sec^2\theta - 1) + (\cot\theta\tan\theta)) - ((1 / \tan\theta)(\sin\theta / \cos\theta))) + (\cot\theta\tan\theta)$

142

$(((\csc\theta\sin\theta) + (\csc^2\theta - 1)) - ((1 + \cot^2\theta) - (\csc\theta\sin\theta))) - (1 - \cos^2\theta)$

143

$(((\sec^2\theta - 1) + (\cot\theta\tan\theta)) - ((1 / \sin\theta)(\cos\theta\tan\theta))) + (\csc^2\theta - \cot^2\theta)$

144

$(((\cos\theta\tan\theta) / (\sin\theta / \cos\theta))((\cos\theta\tan\theta) / (\sin\theta / \tan\theta))) / (\sin\theta / \cos\theta)$

145

$(((\csc^2\theta - \cot^2\theta) + (\csc^2\theta - 1)) - ((1 + \cot^2\theta) - (\csc^2\theta - \cot^2\theta))) / (\sin\theta / \tan\theta)$

146

(((sin²θ + cos²θ) - (1 - sin²θ)) + ((sin²θ + cos²θ) - (1 - cos²θ))) / (cosθtanθ)

147

(((sin²θ + cos²θ) / (sinθ / cosθ))((cosθtanθ) / (sinθ / tanθ))) / (sinθ / cosθ)

148

(((1 + cot²θ) - (csc²θ - 1)) / ((cosθtanθ) / (sinθ / tanθ)))(sinθ / cosθ)

149

(((sin²θ + cos²θ) + (csc²θ - 1)) - ((1 + cot²θ) - (sin²θ + cos²θ))) / (sinθ / cosθ)

150

(((1 / cosθ)(sinθ / tanθ)) + ((1 + cot²θ) - (secθcosθ))) - (cotθtanθ)

151

$(((\tan^2\theta + 1) - (\sec\theta\cos\theta)) + ((\tan^2\theta + 1) - (\sec^2\theta - 1))) - (\sec^2\theta - 1)$

152

$(((\sec\theta\cos\theta) / (\sin\theta / \tan\theta))((\cos\theta\tan\theta) / (\sin\theta / \cos\theta))) / (\sin\theta / \tan\theta)$

153

$(((1 + \cot^2\theta) - (\csc^2\theta - 1)) / ((\sin\theta / \tan\theta)(\sin\theta / \cos\theta)))(\cos\theta\tan\theta)$

154

$(((\sin^2\theta + \cos^2\theta) / (\cos\theta\tan\theta))((\sin\theta / \tan\theta)(\sin\theta / \cos\theta))) / (\sin\theta / \cos\theta)$

155

$(((\sin^2\theta + \cos^2\theta) - (1 - \sin^2\theta)) + ((\sin^2\theta + \cos^2\theta) - (1 - \cos^2\theta))) - (1 - \sin^2\theta)$

156

$(((1/\cos\theta)(\sin\theta/\tan\theta))/((\cos\theta\tan\theta)/(\sin\theta/\cos\theta)))(\sin\theta/\tan\theta)$

157

$(((\sec\theta\cos\theta)+(\csc^2\theta-1))-((1+\cot^2\theta)-(\sec\theta\cos\theta)))-(1-\cos^2\theta)$

158

$(((\tan^2\theta+1)-(\csc^2\theta-\cot^2\theta))+((1-\cos^2\theta)+(1-\sin^2\theta)))-(\sec^2\theta-1)$

159

$(((\csc^2\theta-\cot^2\theta)/(\cos\theta\tan\theta))((\sin\theta/\tan\theta)(\sin\theta/\cos\theta)))/(\sin\theta/\tan\theta)$

160

$(((\tan^2\theta+1)-(\sec^2\theta-\tan^2\theta))+((1+\cot^2\theta)-(\csc^2\theta-1)))-(\sec\theta\cos\theta)$

161

$(((\sec^2\theta - 1) + (\cot\theta\tan\theta)) - ((1 + \cot^2\theta) - (\csc^2\theta - 1))) + (\sin^2\theta + \cos^2\theta)$

162

$(((\cot\theta\tan\theta) / (\sin\theta / \cos\theta))((\cos\theta\tan\theta) / (\sin\theta / \tan\theta))) / (\sin\theta / \cos\theta)$

163

$(((1 - \cos^2\theta) + (1 - \sin^2\theta)) + ((1 + \cot^2\theta) - (\sec\theta\cos\theta))) - (\sec^2\theta - \tan^2\theta)$

164

$(((1 / \sin\theta)(\cos\theta\tan\theta)) / ((\sin\theta / \tan\theta)(\sin\theta / \cos\theta)))(\cos\theta\tan\theta)$

165

$(((\tan^2\theta + 1) - (\sin^2\theta + \cos^2\theta)) + ((1 / \tan\theta)(\sin\theta / \cos\theta))) - (\cot\theta\tan\theta)$

166

$(((\tan^2\theta + 1) - (\sin^2\theta + \cos^2\theta)) + ((1 + \cot^2\theta) - (\csc^2\theta - 1))) - (\csc\theta\sin\theta)$

167

$(((\cot\theta\tan\theta) - (1 - \sin^2\theta)) + ((\cot\theta\tan\theta) - (1 - \cos^2\theta))) / (\sin\theta / \tan\theta)$

168

$(((\sec^2\theta - 1) + (\sin^2\theta + \cos^2\theta)) - ((1 + \cot^2\theta) - (\csc^2\theta - 1))) + (\csc\theta\sin\theta)$

169

$(((\sec^2\theta - \tan^2\theta) - (1 - \sin^2\theta)) + ((\sec^2\theta - \tan^2\theta) - (1 - \cos^2\theta))) + (\csc^2\theta - 1)$

170

$(((\sin^2\theta + \cos^2\theta) + (\csc^2\theta - 1)) - ((1 / \tan\theta)(\sin\theta / \cos\theta))) - (1 + \cot^2\theta)$

171

$(((\sec^2\theta - 1) + (\sec^2\theta - \tan^2\theta)) - ((1 + \cot^2\theta) - (\csc^2\theta - 1))) + (\cot\theta\tan\theta)$

172

$(((1 - \cos^2\theta) + (1 - \sin^2\theta)) - ((\csc\theta\sin\theta) - (1 - \cos^2\theta))) + (1 - \sin^2\theta)$

173

$(((\sec\theta\cos\theta) + (\csc^2\theta - 1)) - ((1 \ / \ \tan\theta)(\sin\theta / \cos\theta))) - (1 + \cot^2\theta)$

174

$(((\tan^2\theta + 1) - (\sin^2\theta + \cos^2\theta)) + ((1 + \cot^2\theta) - (\csc^2\theta - 1))) - (\sec^2\theta - \tan^2\theta)$

175

$(((\sec^2\theta - 1) + (\csc\theta\sin\theta)) - ((1 / \cos\theta)(\sin\theta / \tan\theta))) + (\csc^2\theta - \cot^2\theta)$

176

$(((\cot\theta\tan\theta) / (\sin\theta / \tan\theta))((\cos\theta\tan\theta) / (\sin\theta / \cos\theta))) / (\cos\theta\tan\theta)$

177

$(((\cot\theta\tan\theta) / (\sin\theta / \tan\theta))((\cos\theta\tan\theta) / (\sin\theta / \cos\theta))) / (\sin\theta / \cos\theta)$

178

$(((\cot\theta\tan\theta) + (\csc^2\theta - 1)) - ((\tan^2\theta + 1) - (\sec^2\theta - 1))) - (1 + \cot^2\theta)$

179

$(((1 / \sin\theta)(\cos\theta\tan\theta)) + ((1 + \cot^2\theta) - (\csc^2\theta - \cot^2\theta))) - (\csc\theta\sin\theta)$

180

$(((\tan^2\theta + 1) - (\cot\theta\tan\theta)) + ((1 / \tan\theta)(\sin\theta / \cos\theta))) - (\sec^2\theta - 1)$

181

$(((1/\sin\theta)(\cos\theta\tan\theta)) - ((\sec\theta\cos\theta) - (1 - \cos^2\theta))) + (1 - \sin^2\theta\ )$

182

$(((1 + \cot^2\theta) - (\csc^2\theta - 1)) / ((\cos\theta\tan\theta) / (\sin\theta / \cos\theta)))(\sin\theta / \tan\theta)$

183

$(((\sec\theta\cos\theta) / (\cos\theta\tan\theta))((\sin\theta / \tan\theta)(\sin\theta / \cos\theta))) - (1 - \cos^2\theta)$

184

$(((1 / \tan\theta)(\sin\theta / \cos\theta)) / ((\sin\theta / \tan\theta)(\sin\theta / \cos\theta)))(\cos\theta\tan\theta)$

185

$(((\sin^2\theta + \cos^2\theta) + (\csc^2\theta - 1)) - ((1 + \cot^2\theta) - (\sin^2\theta + \cos^2\theta))) - (1 - \sin^2\theta\ )$

186

$(((\sec^2\theta - 1) + (\cot\theta\tan\theta)) - ((\tan^2\theta + 1) - (\cot\theta\tan\theta))) - (1 - \sin^2\theta)$

187

$(((\csc\theta\sin\theta) / (\sin\theta / \tan\theta))((\cos\theta\tan\theta) / (\sin\theta / \cos\theta))) - (1 - \sin^2\theta)$

188

$(((1 + \cot^2\theta) - (\csc^2\theta - 1)) - ((\sin^2\theta + \cos^2\theta) - (1 - \cos^2\theta))) + (1 - \sin^2\theta)$

189

$(((\sec^2\theta - 1) + (\sin^2\theta + \cos^2\theta)) - ((\tan^2\theta + 1) - (\sin^2\theta + \cos^2\theta))) - (1 - \sin^2\theta)$

190

$(((1 / \sin\theta)(\cos\theta\tan\theta)) + ((1 + \cot^2\theta) - (\csc\theta\sin\theta))) - (\cot\theta\tan\theta)$

191

$(((\tan^2\theta + 1) - (\sec^2\theta - 1)) \:/\: ((\cos\theta\tan\theta) / (\sin\theta / \tan\theta)))(\sin\theta / \cos\theta)$

192

$(((\tan^2\theta + 1) - (\csc^2\theta - \cot^2\theta)) + ((1 + \cot^2\theta) - (\csc^2\theta - 1))) - (\sec^2\theta - 1)$

193

$(((\tan^2\theta + 1) - (\cot\theta\tan\theta)) + ((1 - \cos^2\theta) + (1 - \sin^2\theta))) - (\sec^2\theta - 1)$

194

$(((\csc\theta\sin\theta) - (1 - \sin^2\theta)) + ((\csc\theta\sin\theta) - (1 - \cos^2\theta))) + (\csc^2\theta - 1)$

195

$(((\sec^2\theta - 1) + (\csc^2\theta - \cot^2\theta)) - ((1 \:/\: \tan\theta)(\sin\theta / \cos\theta))) + (\sec\theta\cos\theta)$

196

$(((1 - \cos^2\theta) + (1 - \sin^2\theta)) - ((\sec^2\theta - \tan^2\theta) - (1 - \cos^2\theta))) + (1 - \sin^2\theta)$

197

$(((\sec\theta\cos\theta) / (\cos\theta\tan\theta))((\sin\theta / \tan\theta)(\sin\theta / \cos\theta))) / (\sin\theta / \tan\theta)$

198

$(((\tan^2\theta + 1) - (\sec\theta\cos\theta)) + ((1 / \tan\theta)(\sin\theta / \cos\theta))) - (\sec^2\theta - 1)$

199

$(((\sec^2\theta - \tan^2\theta) + (\csc^2\theta - 1)) - ((1 + \cot^2\theta) - (\sec^2\theta - \tan^2\theta))) / (\sin\theta / \cos\theta)$

200

$(((\sin^2\theta + \cos^2\theta) + (\csc^2\theta - 1)) - ((1 / \cos\theta)(\sin\theta / \tan\theta))) - (1 + \cot^2\theta)$

201

$(((1 - \cos^2\theta) + (1 - \sin^2\theta)) + ((1 + \cot^2\theta) - (\csc^2\theta - \cot^2\theta))) - (\csc\theta\sin\theta)$

202

$(((\sec^2\theta - \tan^2\theta) + (\csc^2\theta - 1)) - ((\tan^2\theta + 1) - (\sec^2\theta - 1))) - (1 + \cot^2\theta)$

203

$(((\cot\theta\tan\theta) / (\cos\theta\tan\theta))((\sin\theta / \tan\theta)(\sin\theta / \cos\theta))) - (1 - \cos^2\theta)$

204

$(((1 / \tan\theta)(\sin\theta / \cos\theta)) / ((\cos\theta\tan\theta) / (\sin\theta / \cos\theta)))(\sin\theta / \tan\theta)$

205

$(((\sec^2\theta - \tan^2\theta) / (\sin\theta / \cos\theta))((\cos\theta\tan\theta) / (\sin\theta / \tan\theta))) / (\sin\theta / \tan\theta)$

206

$(((1 + \cot^2\theta) - (\csc^2\theta - 1)) + ((1 + \cot^2\theta) - (\sin^2\theta + \cos^2\theta))) - (\cot\theta\tan\theta)$

207

$(((1 / \cos\theta)(\sin\theta / \tan\theta)) - ((\csc^2\theta - \cot^2\theta) - (1 - \cos^2\theta))) + (1 - \sin^2\theta)$

208

$(((\sec^2\theta - \tan^2\theta) / (\sin\theta / \tan\theta))((\cos\theta\tan\theta) / (\sin\theta / \cos\theta))) / (\sin\theta / \tan\theta)$

209

$(((1 / \tan\theta)(\sin\theta / \cos\theta)) - ((\cot\theta\tan\theta) - (1 - \cos^2\theta))) + (1 - \sin^2\theta)$

210

$(((1 - \cos^2\theta) + (1 - \sin^2\theta)) / ((\sin\theta / \tan\theta)(\sin\theta / \cos\theta)))(\cos\theta\tan\theta)$

211

$$(((\sec^2\theta - 1) + (\sec\theta\cos\theta)) - ((\tan^2\theta + 1) - (\sec\theta\cos\theta))) \;/\; (\sin\theta / \cos\theta)$$

212

$$(((1 / \sin\theta)(\cos\theta\tan\theta)) / ((\cos\theta\tan\theta) / (\sin\theta / \cos\theta)))(\sin\theta / \tan\theta)$$

213

$$(((\sec^2\theta - 1) + (\cot\theta\tan\theta)) - ((1 / \cos\theta)(\sin\theta / \tan\theta))) + (\csc^2\theta - \cot^2\theta)$$

214

$$(((\csc^2\theta - \cot^2\theta) / (\cos\theta\tan\theta))((\sin\theta / \tan\theta)(\sin\theta / \cos\theta))) \;/\; (\sin\theta / \cos\theta)$$

215

$$(((\sin^2\theta + \cos^2\theta) / (\cos\theta\tan\theta))((\sin\theta / \tan\theta)(\sin\theta / \cos\theta))) \;/\; (\sin\theta / \tan\theta)$$

216

$(((\sec^2\theta - 1) + (\csc\theta\sin\theta)) - ((1 / \sin\theta)(\cos\theta\tan\theta))) + (\sec^2\theta - \tan^2\theta)$

217

$(((1 / \tan\theta)(\sin\theta / \cos\theta)) + ((1 + \cot^2\theta) - (\csc\theta\sin\theta))) - (\sec^2\theta - \tan^2\theta)$

218

$(((\tan^2\theta + 1) - (\sec^2\theta - 1)) - ((\sin^2\theta + \cos^2\theta) - (1 - \cos^2\theta))) + (1 - \sin^2\theta)$

219

$(((\tan^2\theta + 1) - (\csc\theta\sin\theta)) + ((\tan^2\theta + 1) - (\sec^2\theta - 1))) - (\sec^2\theta - 1)$

220

$(((\csc\theta\sin\theta) - (1 - \sin^2\theta)) + ((\csc\theta\sin\theta) - (1 - \cos^2\theta))) - (1 - \cos^2\theta)$

221

$(((\tan^2\theta + 1) - (\sec^2\theta - \tan^2\theta)) + ((1 / \tan\theta)(\sin\theta / \cos\theta))) - (\sec\theta\cos\theta)$

222

$(((\csc\theta\sin\theta) + (\csc^2\theta - 1)) - ((1 + \cot^2\theta) - (\csc^2\theta - 1))) - (1 + \cot^2\theta)$

223

$(((1 + \cot^2\theta) - (\csc^2\theta - 1)) - ((\sec\theta\cos\theta) - (1 - \cos^2\theta))) + (1 - \sin^2\theta)$

224

$(((1 - \cos^2\theta) + (1 - \sin^2\theta)) + ((1 + \cot^2\theta) - (\sin^2\theta + \cos^2\theta))) - (\csc^2\theta - \cot^2\theta)$

225

$(((\tan^2\theta + 1) - (\sec^2\theta - 1)) / ((\cos\theta\tan\theta) / (\sin\theta / \cos\theta)))(\sin\theta / \tan\theta)$

226

$(((1/\sin\theta)(\cos\theta\tan\theta))/((\cos\theta\tan\theta)/(\sin\theta/\tan\theta)))(\sin\theta/\cos\theta)$

227

$(((\tan^2\theta+1)-(\sec^2\theta-1))-((\cot\theta\tan\theta)-(1-\cos^2\theta)))+(1-\sin^2\theta\ )$

228

$(((\sec^2\theta-1)+(\csc^2\theta-\cot^2\theta))-((1/\cos\theta)(\sin\theta/\tan\theta)))+(\csc^2\theta-\cot^2\theta)$

229

$(((1/\cos\theta)(\sin\theta/\tan\theta))+((1+\cot^2\theta)-(\sin^2\theta\ +\cos^2\theta)))-(\csc^2\theta-\cot^2\theta)$

230

$(((1+\cot^2\theta)-(\csc^2\theta-1))+((1+\cot^2\theta)-(\sin^2\theta\ +\cos^2\theta)))-(\csc\theta\sin\theta)$

231

$(((\sin^2\theta + \cos^2\theta) + (\csc^2\theta - 1)) - ((1/\sin\theta)(\cos\theta\tan\theta))) - (1 + \cot^2\theta)$

232

$(((\sec^2\theta - 1) + (\csc\theta\sin\theta)) - ((1 - \cos^2\theta) + (1 - \sin^2\theta))) + (\csc^2\theta - \cot^2\theta)$

233

$(((\csc\theta\sin\theta) / (\sin\theta / \cos\theta))((\cos\theta\tan\theta) / (\sin\theta / \tan\theta))) / (\sin\theta / \cos\theta)$

234

$(((\sec^2\theta - 1) + (\csc\theta\sin\theta)) - ((1/\cos\theta)(\sin\theta/\tan\theta))) + (\sin^2\theta + \cos^2\theta)$

235

$(((1 + \cot^2\theta) - (\csc^2\theta - 1)) + ((1 + \cot^2\theta) - (\csc^2\theta - \cot^2\theta))) - (\sec^2\theta - \tan^2\theta)$

236

$(((1 - \cos^2\theta) + (1 - \sin^2\theta)) / ((\cos\theta\tan\theta) / (\sin\theta / \tan\theta)))(\sin\theta / \cos\theta)$

237

$(((\tan^2\theta + 1) - (\cot\theta\tan\theta)) + ((1 - \cos^2\theta) + (1 - \sin^2\theta))) - (\csc^2\theta - \cot^2\theta)$

238

$(((\tan^2\theta + 1) - (\csc\theta\sin\theta)) + ((\tan^2\theta + 1) - (\sec^2\theta - 1))) - (\sec\theta\cos\theta)$

239

$(((\sin^2\theta + \cos^2\theta) - (1 - \sin^2\theta)) + ((\sin^2\theta + \cos^2\theta) - (1 - \cos^2\theta))) / (\sin\theta / \tan\theta)$

240

$(((\csc\theta\sin\theta) / (\sin\theta / \tan\theta))((\cos\theta\tan\theta) / (\sin\theta / \cos\theta))) / (\sin\theta / \cos\theta)$

241

$$(((\sec^2\theta - 1) + (\sin^2\theta + \cos^2\theta)) - ((\tan^2\theta + 1) - (\sin^2\theta + \cos^2\theta))) / (\cos\theta\tan\theta)$$

242

$$(((\sec\theta\cos\theta) + (\csc^2\theta - 1)) - ((1 + \cot^2\theta) - (\sec\theta\cos\theta))) - (1 - \sin^2\theta)$$

243

$$(((\csc\theta\sin\theta) / (\sin\theta / \cos\theta))((\cos\theta\tan\theta) / (\sin\theta / \tan\theta))) - (1 - \sin^2\theta)$$

244

$$(((\sec^2\theta - 1) + (\cot\theta\tan\theta)) - ((\tan^2\theta + 1) - (\cot\theta\tan\theta))) / (\sin\theta / \cos\theta)$$

245

$$(((\sec^2\theta - \tan^2\theta) - (1 - \sin^2\theta)) + ((\sec^2\theta - \tan^2\theta) - (1 - \cos^2\theta))) - (1 - \cos^2\theta)$$

246

$(((\sec\theta\cos\theta) - (1 - \sin^2\theta)) + ((\sec\theta\cos\theta) - (1 - \cos^2\theta))) - (1 - \cos^2\theta)$

247

$(((1 / \tan\theta)(\sin\theta / \cos\theta)) - ((\csc\theta\sin\theta) - (1 - \cos^2\theta))) + (1 - \sin^2\theta)$

248

$(((\cot\theta\tan\theta) / (\sin\theta / \tan\theta))((\cos\theta\tan\theta) / (\sin\theta / \cos\theta))) - (1 - \cos^2\theta)$

249

$(((1 - \cos^2\theta) + (1 - \sin^2\theta)) - ((\csc^2\theta - \cot^2\theta) - (1 - \cos^2\theta))) + (1 - \sin^2\theta)$

250

$(((1 + \cot^2\theta) - (\csc^2\theta - 1)) + ((1 + \cot^2\theta) - (\csc\theta\sin\theta))) - (\sec^2\theta - \tan^2\theta)$

251

$(((\sec^2\theta - 1) + (\sec^2\theta - \tan^2\theta)) - ((1/\sin\theta)(\cos\theta\tan\theta))) + (\csc^2\theta - \cot^2\theta)$

252

$(((\sec\theta\cos\theta)/(\sin\theta/\cos\theta))((\cos\theta\tan\theta)/(\sin\theta/\tan\theta)))/(\cos\theta\tan\theta)$

253

$(((\tan^2\theta + 1) - (\sin^2\theta + \cos^2\theta)) + ((1/\sin\theta)(\cos\theta\tan\theta))) - (\cot\theta\tan\theta)$

254

$(((1/\sin\theta)(\cos\theta\tan\theta)) + ((1 + \cot^2\theta) - (\cot\theta\tan\theta))) - (\sin^2\theta + \cos^2\theta)$

255

$(((1 - \cos^2\theta) + (1 - \sin^2\theta)) + ((1 + \cot^2\theta) - (\csc^2\theta - \cot^2\theta))) - (\cot\theta\tan\theta)$

256

$(((\sec\theta\cos\theta) - (1 - \sin^2\theta)) + ((\sec\theta\cos\theta) - (1 - \cos^2\theta))) + (\csc^2\theta - 1)$

257

$(((\tan^2\theta + 1) - (\sec^2\theta - 1)) + ((1 + \cot^2\theta) - (\csc^2\theta - \cot^2\theta))) - (\sec\theta\cos\theta)$

258

$(((\cot\theta\tan\theta) + (\csc^2\theta - 1)) - ((1 + \cot^2\theta) - (\cot\theta\tan\theta))) - (1 - \cos^2\theta)$

259

$(((\sec^2\theta - 1) + (\csc^2\theta - \cot^2\theta)) - ((1 / \sin\theta)(\cos\theta\tan\theta))) + (\sec\theta\cos\theta)$

260

$(((\sec^2\theta - 1) + (\sin^2\theta + \cos^2\theta)) - ((\tan^2\theta + 1) - (\sin^2\theta + \cos^2\theta))) - (1 - \cos^2\theta)$

261

$(((\tan^2\theta + 1) - (\sin^2\theta + \cos^2\theta)) + ((1 - \cos^2\theta) + (1 - \sin^2\theta))) - (\sec^2\theta - 1)$

262

$(((1 / \tan\theta)(\sin\theta / \cos\theta)) / ((\cos\theta\tan\theta) / (\sin\theta / \tan\theta)))(\sin\theta / \cos\theta)$

263

$(((\csc^2\theta - \cot^2\theta) / (\sin\theta / \cos\theta))((\cos\theta\tan\theta) / (\sin\theta / \tan\theta))) / (\sin\theta / \tan\theta)$

264

$(((\sec^2\theta - 1) + (\csc^2\theta - \cot^2\theta)) - ((\tan^2\theta + 1) - (\sec^2\theta - 1))) + (\cot\theta\tan\theta)$

265

$(((1 / \cos\theta)(\sin\theta / \tan\theta)) + ((1 + \cot^2\theta) - (\cot\theta\tan\theta))) - (\sec\theta\cos\theta)$

266

$(((\cot\theta\tan\theta) - (1 - \sin^2\theta)) + ((\cot\theta\tan\theta) - (1 - \cos^2\theta))) - (1 - \cos^2\theta)$

267

$(((\sin^2\theta + \cos^2\theta) + (\csc^2\theta - 1)) - ((1 + \cot^2\theta) - (\sin^2\theta + \cos^2\theta))) / (\sin\theta / \tan\theta)$

268

$(((\sec^2\theta - 1) + (\cot\theta\tan\theta)) - ((\tan^2\theta + 1) - (\sec^2\theta - 1))) + (\sin^2\theta + \cos^2\theta)$

269

$(((\sin^2\theta + \cos^2\theta) / (\sin\theta / \tan\theta))((\cos\theta\tan\theta) / (\sin\theta / \cos\theta))) / (\cos\theta\tan\theta)$

270

$(((\tan^2\theta + 1) - (\sin^2\theta + \cos^2\theta)) + ((1 / \sin\theta)(\cos\theta\tan\theta))) - (\csc^2\theta - \cot^2\theta)$

271

$(((\sec^2\theta - 1) + (\sec\theta\cos\theta)) - ((\tan^2\theta + 1) - (\sec\theta\cos\theta))) + (\csc^2\theta - 1)$

272

$(((1 / \cos\theta)(\sin\theta / \tan\theta)) / ((\sin\theta / \tan\theta)(\sin\theta / \cos\theta)))(\cos\theta\tan\theta)$

273

$(((\sec\theta\cos\theta) / (\sin\theta / \tan\theta))((\cos\theta\tan\theta) / (\sin\theta / \cos\theta))) / (\sin\theta / \cos\theta)$

274

$(((\tan^2\theta + 1) - (\sec^2\theta - 1)) / ((\sin\theta / \tan\theta)(\sin\theta / \cos\theta)))(\cos\theta\tan\theta)$

275

$(((1 - \cos^2\theta) + (1 - \sin^2\theta)) + ((1 + \cot^2\theta) - (\sec^2\theta - \tan^2\theta))) - (\sec\theta\cos\theta)$

276

$(((\tan^2\theta + 1) - (\cot\theta\tan\theta)) + ((1 / \sin\theta)(\cos\theta\tan\theta))) - (\sec^2\theta - \tan^2\theta)$

277

$(((\sec\theta\cos\theta) / (\cos\theta\tan\theta))((\sin\theta / \tan\theta)(\sin\theta / \cos\theta))) / (\cos\theta\tan\theta)$

278

$(((\sec\theta\cos\theta) + (\csc^2\theta - 1)) - ((1 + \cot^2\theta) - (\sec\theta\cos\theta))) / (\cos\theta\tan\theta)$

279

$(((\sec^2\theta - 1) + (\sec\theta\cos\theta)) - ((\tan^2\theta + 1) - (\sec\theta\cos\theta))) / (\sin\theta / \tan\theta)$

280

$(((\sec^2\theta - \tan^2\theta) / (\sin\theta / \tan\theta))((\cos\theta\tan\theta) / (\sin\theta / \cos\theta))) / (\sin\theta / \cos\theta)$

281

$(((\sec^2\theta - 1) + (\sec\theta\cos\theta)) - ((1 \ / \ \tan\theta)(\sin\theta / \cos\theta))) + (\sec^2\theta - \tan^2\theta)$

282

$(((\sin^2\theta + \cos^2\theta) \ / \ (\sin\theta / \cos\theta))((\cos\theta\tan\theta) / (\sin\theta / \tan\theta))) / (\sin\theta / \tan\theta)$

283

$(((1 - \cos^2\theta) + (1 - \sin^2\theta)) - ((\sin^2\theta + \cos^2\theta) - (1 - \cos^2\theta))) + (1 - \sin^2\theta)$

284

$(((\cot\theta\tan\theta) + (\csc^2\theta - 1)) - ((1 + \cot^2\theta) - (\cot\theta\tan\theta))) \ / \ (\sin\theta / \cos\theta)$

285

$(((\sec^2\theta - \tan^2\theta) - (1 - \sin^2\theta)) + ((\sec^2\theta - \tan^2\theta) - (1 - \cos^2\theta))) / (\sin\theta / \tan\theta)$

286

$$\left(\frac{\sec^2\theta - \tan^2\theta}{\cos\theta\tan\theta}\right)\left(\frac{\sin\theta}{\tan\theta}\cdot\frac{\sin\theta}{\cos\theta}\right) - (1 - \cos^2\theta)$$

287

$$\left((\tan^2\theta + 1) - (\sec^2\theta - 1)\right) - \left((\csc\theta\sin\theta) - (1 - \cos^2\theta)\right) + (1 - \sin^2\theta)$$

288

$$\left(\frac{\sec^2\theta - \tan^2\theta}{\sin\theta/\tan\theta}\right)\left(\frac{\cos\theta\tan\theta}{\sin\theta/\cos\theta}\right) - (1 - \sin^2\theta)$$

289

$$\left(\frac{1}{\cos\theta}\cdot\frac{\sin\theta}{\tan\theta}\right) - \left((\sec\theta\cos\theta) - (1 - \cos^2\theta)\right) + (1 - \sin^2\theta)$$

290

$$\left((\tan^2\theta + 1) - (\csc^2\theta - \cot^2\theta)\right) + \left(\frac{1}{\tan\theta}\cdot\frac{\sin\theta}{\cos\theta}\right) - (\csc\theta\sin\theta)$$

291

$$(((1/\cos\theta)(\sin\theta/\tan\theta)) + ((1+\cot^2\theta) - (\csc^2\theta - \cot^2\theta))) - (\csc\theta\sin\theta)$$

292

$$(((\sec^2\theta - 1) + (\cot\theta\tan\theta)) - ((\tan^2\theta + 1) - (\sec^2\theta - 1))) + (\csc\theta\sin\theta)$$

293

$$(((1/\sin\theta)(\cos\theta\tan\theta)) + ((1+\cot^2\theta) - (\sin^2\theta + \cos^2\theta))) - (\sin^2\theta + \cos^2\theta)$$

294

$$(((1/\sin\theta)(\cos\theta\tan\theta)) - ((\sin^2\theta + \cos^2\theta) - (1 - \cos^2\theta))) + (1 - \sin^2\theta)$$

295

$$(((\tan^2\theta + 1) - (\csc^2\theta - \cot^2\theta)) + ((1/\cos\theta)(\sin\theta/\tan\theta))) - (\sec^2\theta - 1)$$

296

$(((\tan^2\theta + 1) - (\cot\theta\tan\theta)) + ((1 - \cos^2\theta) + (1 - \sin^2\theta))) - (\sec^2\theta - \tan^2\theta)$

297

$(((\sec^2\theta - 1) + (\sec\theta\cos\theta)) - ((1 / \sin\theta)(\cos\theta\tan\theta))) + (\sec^2\theta - \tan^2\theta)$

298

$(((\csc^2\theta - \cot^2\theta) + (\csc^2\theta - 1)) - ((1 / \cos\theta)(\sin\theta / \tan\theta))) - (1 + \cot^2\theta)$

299

$(((1 / \cos\theta)(\sin\theta / \tan\theta)) + ((1 + \cot^2\theta) - (\sec^2\theta - \tan^2\theta))) - (\sec\theta\cos\theta)$

300

$(((1 + \cot^2\theta) - (\csc^2\theta - 1)) + ((1 + \cot^2\theta) - (\csc\theta\sin\theta))) - (\csc\theta\sin\theta)$

301

$(((\tan^2\theta + 1) - (\cot\theta\tan\theta)) + ((1 / \sin\theta)(\cos\theta\tan\theta))) - (\cot\theta\tan\theta)$

302

$(((\sec\theta\cos\theta) / (\cos\theta\tan\theta))((\sin\theta / \tan\theta)(\sin\theta / \cos\theta))) + (\csc^2\theta - 1)$

303

$(((\tan^2\theta + 1) - (\sec\theta\cos\theta)) + ((1 + \cot^2\theta) - (\csc^2\theta - 1))) - (\sin^2\theta + \cos^2\theta)$

304

$(((\sec^2\theta - 1) + (\csc^2\theta - \cot^2\theta)) - ((1 - \cos^2\theta) + (1 - \sin^2\theta))) + (\csc^2\theta - \cot^2\theta)$

305

$(((1 / \tan\theta)(\sin\theta / \cos\theta)) + ((1 + \cot^2\theta) - (\csc\theta\sin\theta))) - (\csc^2\theta - \cot^2\theta)$

306

$(((\csc\theta\sin\theta) / (\cos\theta\tan\theta))((\sin\theta / \tan\theta)(\sin\theta / \cos\theta))) - (1 - \sin^2\theta)$

307

$(((\sec^2\theta - 1) + (\sec^2\theta - \tan^2\theta)) - ((1 + \cot^2\theta) - (\csc^2\theta - 1))) + (\sec\theta\cos\theta)$

308

$(((\cot\theta\tan\theta) + (\csc^2\theta - 1)) - ((1 + \cot^2\theta) - (\cot\theta\tan\theta))) + (\csc^2\theta - 1)$

309

$(((\cot\theta\tan\theta) / (\cos\theta\tan\theta))((\sin\theta / \tan\theta)(\sin\theta / \cos\theta))) / (\sin\theta / \cos\theta)$

310

$(((1 / \cos\theta)(\sin\theta / \tan\theta)) + ((1 + \cot^2\theta) - (\sec^2\theta - \tan^2\theta))) - (\csc^2\theta - \cot^2\theta)$

311

$$\left(\frac{\sec^2\theta - \tan^2\theta}{\sin\theta / \tan\theta}\right)\left(\frac{\cos\theta\tan\theta}{\sin\theta / \cos\theta}\right) - (1 - \cos^2\theta)$$

312

$$\frac{((\sec^2\theta - 1) + (\sin^2\theta + \cos^2\theta)) - ((\tan^2\theta + 1) - (\sin^2\theta + \cos^2\theta))}{\sin\theta / \tan\theta}$$

313

$$\frac{\left(\frac{\cot\theta\tan\theta}{\sin\theta / \tan\theta}\right)\left(\frac{\cos\theta\tan\theta}{\sin\theta / \cos\theta}\right)}{\sin\theta / \tan\theta}$$

314

$$((\sec\theta\cos\theta) + (\csc^2\theta - 1)) - ((1 - \cos^2\theta) + (1 - \sin^2\theta)) - (1 + \cot^2\theta)$$

315

$$\frac{\left(\frac{\sec^2\theta - \tan^2\theta}{\sin\theta / \tan\theta}\right)\left(\frac{\cos\theta\tan\theta}{\sin\theta / \cos\theta}\right)}{\cos\theta\tan\theta}$$

316

$(((1 - \cos^2\theta) + (1 - \sin^2\theta)) + ((1 + \cot^2\theta) - (\sin^2\theta + \cos^2\theta))) - (\sec\theta\cos\theta)$

317

$(((1 / \tan\theta)(\sin\theta / \cos\theta)) - ((\sec\theta\cos\theta) - (1 - \cos^2\theta))) + (1 - \sin^2\theta)$

318

$(((\csc^2\theta - \cot^2\theta) / (\sin\theta / \tan\theta))((\cos\theta\tan\theta) / (\sin\theta / \cos\theta))) - (1 - \sin^2\theta)$

319

$(((\sec\theta\cos\theta) - (1 - \sin^2\theta)) + ((\sec\theta\cos\theta) - (1 - \cos^2\theta))) / (\sin\theta / \tan\theta)$

320

$(((1 / \cos\theta)(\sin\theta / \tan\theta)) - ((\sec^2\theta - \tan^2\theta) - (1 - \cos^2\theta))) + (1 - \sin^2\theta)$

321

$(((\tan^2\theta + 1) - (\sec^2\theta - \tan^2\theta)) + ((1/\cos\theta)(\sin\theta/\tan\theta))) - (\sec^2\theta - 1)$

322

$(((\sec^2\theta - 1) + (\csc\theta\sin\theta)) - ((\tan^2\theta + 1) - (\csc\theta\sin\theta))) / (\sin\theta/\tan\theta)$

323

$(((\tan^2\theta + 1) - (\csc^2\theta - \cot^2\theta)) + ((1/\cos\theta)(\sin\theta/\tan\theta))) - (\sin^2\theta + \cos^2\theta)$

324

$(((\csc^2\theta - \cot^2\theta) + (\csc^2\theta - 1)) - ((1 + \cot^2\theta) - (\csc^2\theta - \cot^2\theta))) - (1 - \sin^2\theta)$

325

$(((\sec\theta\cos\theta)/(\sin\theta/\tan\theta))((\cos\theta\tan\theta)/(\sin\theta/\cos\theta)))/(\cos\theta\tan\theta)$

326

$(((1 / \sin\theta)(\cos\theta\tan\theta)) - ((\cot\theta\tan\theta) - (1 - \cos^2\theta))) + (1 - \sin^2\theta)$

327

$(((1 / \cos\theta)(\sin\theta / \tan\theta)) - ((\sin^2\theta + \cos^2\theta) - (1 - \cos^2\theta))) + (1 - \sin^2\theta)$

328

$(((\tan^2\theta + 1) - (\cot\theta\tan\theta)) + ((1 / \sin\theta)(\cos\theta\tan\theta))) - (\sec^2\theta - 1)$

329

$(((\csc^2\theta - \cot^2\theta) - (1 - \sin^2\theta)) + ((\csc^2\theta - \cot^2\theta) - (1 - \cos^2\theta))) / (\cos\theta\tan\theta)$

330

$(((\sec^2\theta - 1) + (\sin^2\theta + \cos^2\theta)) - ((\tan^2\theta + 1) - (\sin^2\theta + \cos^2\theta))) + (\csc^2\theta - 1)$

331

$(((\tan^2\theta + 1) - (\sec^2\theta - 1)) + ((1 + \cot^2\theta) - (\csc\theta\sin\theta))) - (\cot\theta\tan\theta)$

332

$(((\tan^2\theta + 1) - (\csc\theta\sin\theta)) + ((1 / \sin\theta)(\cos\theta\tan\theta))) - (\sec^2\theta - 1)$

333

$(((\tan^2\theta + 1) - (\sin^2\theta + \cos^2\theta)) + ((1 + \cot^2\theta) - (\csc^2\theta - 1))) - (\sec^2\theta - 1)$

334

$(((\tan^2\theta + 1) - (\sec^2\theta - 1)) + ((1 + \cot^2\theta) - (\cot\theta\tan\theta))) - (\sec\theta\cos\theta)$

335

$(((\csc^2\theta - \cot^2\theta) / (\sin\theta / \tan\theta))((\cos\theta\tan\theta) / (\sin\theta / \cos\theta))) + (\csc^2\theta - 1)$

336

$(((\sec^2\theta - 1) + (\sin^2\theta + \cos^2\theta)) - ((1 / \cos\theta)(\sin\theta / \tan\theta))) + (\csc\theta\sin\theta)$

337

$(((\cot\theta\tan\theta) - (1 - \sin^2\theta)) + ((\cot\theta\tan\theta) - (1 - \cos^2\theta))) / (\sin\theta / \cos\theta)$

338

$(((\tan^2\theta + 1) - (\cot\theta\tan\theta)) + ((1 / \cos\theta)(\sin\theta / \tan\theta))) - (\sec^2\theta - 1)$

339

$(((\sec^2\theta - 1) + (\sec\theta\cos\theta)) - ((1 / \tan\theta)(\sin\theta / \cos\theta))) + (\sin^2\theta + \cos^2\theta)$

340

$(((\tan^2\theta + 1) - (\sec^2\theta - 1)) + ((1 + \cot^2\theta) - (\csc\theta\sin\theta))) - (\csc\theta\sin\theta)$

341

$(((\tan^2\theta + 1) - (\csc^2\theta - \cot^2\theta)) + ((1 - \cos^2\theta) + (1 - \sin^2\theta))) - (\csc\theta\sin\theta)$

342

$(((\sec^2\theta - \tan^2\theta) / (\cos\theta\tan\theta))((\sin\theta / \tan\theta)(\sin\theta / \cos\theta))) / (\sin\theta / \tan\theta)$

343

$(((\tan^2\theta + 1) - (\csc\theta\sin\theta)) + ((1 - \cos^2\theta) + (1 - \sin^2\theta))) - (\cot\theta\tan\theta)$

344

$(((\csc\theta\sin\theta) + (\csc^2\theta - 1)) - ((1 / \sin\theta)(\cos\theta\tan\theta))) - (1 + \cot^2\theta)$

345

$(((\tan^2\theta + 1) - (\csc\theta\sin\theta)) + ((1 - \cos^2\theta) + (1 - \sin^2\theta))) - (\sec^2\theta - 1)$

346

$(((\csc^2\theta - \cot^2\theta) - (1 - \sin^2\theta)) + ((\csc^2\theta - \cot^2\theta) - (1 - \cos^2\theta))) - (1 - \sin^2\theta)$

347

$(((1 / \tan\theta)(\sin\theta / \cos\theta)) - ((\sec^2\theta - \tan^2\theta) - (1 - \cos^2\theta))) + (1 - \sin^2\theta)$

348

$(((\sec^2\theta - \tan^2\theta) / (\sin\theta / \cos\theta))((\cos\theta\tan\theta) / (\sin\theta / \tan\theta))) + (\csc^2\theta - 1)$

349

$(((\sec\theta\cos\theta) - (1 - \sin^2\theta)) + ((\sec\theta\cos\theta) - (1 - \cos^2\theta))) / (\cos\theta\tan\theta)$

350

$(((\csc^2\theta - \cot^2\theta) / (\sin\theta / \cos\theta))((\cos\theta\tan\theta) / (\sin\theta / \tan\theta))) - (1 - \sin^2\theta)$

351

$(((\csc\theta\sin\theta) / (\cos\theta\tan\theta))((\sin\theta / \tan\theta)(\sin\theta / \cos\theta))) - (1 - \cos^2\theta)$

352

$(((\csc\theta\sin\theta) / (\cos\theta\tan\theta))((\sin\theta / \tan\theta)(\sin\theta / \cos\theta))) / (\cos\theta\tan\theta)$

353

$(((\sec^2\theta - 1) + (\sec\theta\cos\theta)) - ((\tan^2\theta + 1) - (\sec\theta\cos\theta))) - (1 - \sin^2\theta)$

354

$(((\sec^2\theta - 1) + (\sec\theta\cos\theta)) - ((1 + \cot^2\theta) - (\csc^2\theta - 1))) + (\csc^2\theta - \cot^2\theta)$

355

$(((\cot\theta\tan\theta) + (\csc^2\theta - 1)) - ((1 + \cot^2\theta) - (\cot\theta\tan\theta))) / (\sin\theta / \tan\theta)$

356

$(((\tan^2\theta + 1) - (\sin^2\theta + \cos^2\theta)) + ((1\ /\ \tan\theta)(\sin\theta\ /\ \cos\theta))) - (\csc^2\theta - \cot^2\theta)$

357

$(((\csc^2\theta - \cot^2\theta) + (\csc^2\theta - 1)) - ((1 + \cot^2\theta) - (\csc^2\theta - \cot^2\theta))) + (\csc^2\theta - 1)$

358

$(((\sec^2\theta - 1) + (\sin^2\theta + \cos^2\theta)) - ((\tan^2\theta + 1) - (\sec^2\theta - 1))) + (\sin^2\theta + \cos^2\theta)$

359

$(((\sec^2\theta - 1) + (\csc\theta\sin\theta)) - ((\tan^2\theta + 1) - (\csc\theta\sin\theta)))\ /\ (\sin\theta\ /\ \cos\theta)$

360

$(((\csc^2\theta - \cot^2\theta)\ /\ (\cos\theta\tan\theta))((\sin\theta\ /\ \tan\theta)(\sin\theta\ /\ \cos\theta))) + (\csc^2\theta - 1)$

361

(((sec²θ - 1) + (cotθtanθ)) - ((tan²θ + 1) - (cotθtanθ))) + (csc²θ - 1)

362

(((sec²θ - tan²θ) / (sinθ / cosθ))((cosθtanθ) / (sinθ / tanθ))) / (sinθ / cosθ)

363

(((secθcosθ) + (csc²θ - 1)) - ((tan²θ + 1) - (sec²θ - 1))) - (1 + cot²θ)

364

(((tan²θ + 1) - (secθcosθ)) + ((1 / tanθ)(sinθ / cosθ))) - (csc²θ - cot²θ)

365

(((tan²θ + 1) - (sec²θ - tan²θ)) + ((1 / cosθ)(sinθ / tanθ))) - (secθcosθ)

366

$(((\sec^2\theta - 1) + (\sec^2\theta - \tan^2\theta)) - ((1 \ / \ \tan\theta)(\sin\theta \ / \cos\theta))) + (\sec\theta\cos\theta)$

367

$(((\csc\theta\sin\theta) + (\csc^2\theta - 1)) - ((1 + \cot^2\theta) - (\csc\theta\sin\theta))) + (\csc^2\theta - 1)$

368

$(((1 + \cot^2\theta) - (\csc^2\theta - 1)) + ((1 + \cot^2\theta) - (\cot\theta\tan\theta))) - (\csc^2\theta - \cot^2\theta)$

369

$(((\tan^2\theta + 1) - (\sec^2\theta - 1)) + ((1 + \cot^2\theta) - (\sin^2\theta + \cos^2\theta))) - (\csc^2\theta - \cot^2\theta)$

370

$(((\sin^2\theta + \cos^2\theta) \ / \ (\sin\theta \ / \tan\theta))((\cos\theta\tan\theta) \ / \ (\sin\theta \ / \cos\theta))) \ / \ (\sin\theta \ / \tan\theta)$

371

$(((\csc^2\theta - \cot^2\theta) + (\csc^2\theta - 1)) - ((1 - \cos^2\theta) + (1 - \sin^2\theta))) - (1 + \cot^2\theta)$

372

$(((\tan^2\theta + 1) - (\sec^2\theta - 1)) + ((1 + \cot^2\theta) - (\cot\theta\tan\theta))) - (\sec^2\theta - \tan^2\theta)$

373

$(((\cot\theta\tan\theta) / (\cos\theta\tan\theta))((\sin\theta / \tan\theta)(\sin\theta / \cos\theta))) + (\csc^2\theta - 1)$

374

$(((1 + \cot^2\theta) - (\csc^2\theta - 1)) - ((\sec^2\theta - \tan^2\theta) - (1 - \cos^2\theta))) + (1 - \sin^2\theta)$

375

$(((\sec^2\theta - 1) + (\sec^2\theta - \tan^2\theta)) - ((\tan^2\theta + 1) - (\sec^2\theta - \tan^2\theta))) + (\csc^2\theta - 1)$

376

$(((\csc^2\theta - \cot^2\theta) / (\sin\theta / \tan\theta))((\cos\theta\tan\theta) / (\sin\theta / \cos\theta))) / (\cos\theta\tan\theta)$

377

$(((\tan^2\theta + 1) - (\sec^2\theta - \tan^2\theta)) + ((\tan^2\theta + 1) - (\sec^2\theta - 1))) - (\csc\theta\sin\theta)$

378

$(((\sin^2\theta + \cos^2\theta) / (\sin\theta / \tan\theta))((\cos\theta\tan\theta) / (\sin\theta / \cos\theta))) + (\csc^2\theta - 1)$

379

$(((\csc\theta\sin\theta) + (\csc^2\theta - 1)) - ((1 + \cot^2\theta) - (\csc\theta\sin\theta))) / (\cos\theta\tan\theta)$

380

$(((1 + \cot^2\theta) - (\csc^2\theta - 1)) + ((1 + \cot^2\theta) - (\sin^2\theta + \cos^2\theta))) - (\sec\theta\cos\theta)$

381

$(((\sec^2\theta - \tan^2\theta) + (\csc^2\theta - 1)) - ((1 + \cot^2\theta) - (\sec^2\theta - \tan^2\theta))) - (1 - \sin^2\theta)$

382

$(((\tan^2\theta + 1) - (\csc\theta\sin\theta)) + ((1 \:/\: \tan\theta)(\sin\theta / \cos\theta))) - (\sec^2\theta - 1)$

383

$(((\csc\theta\sin\theta) / (\sin\theta / \tan\theta))((\cos\theta\tan\theta) / (\sin\theta / \cos\theta))) / (\cos\theta\tan\theta)$

384

$(((\sec^2\theta - 1) + (\csc\theta\sin\theta)) - ((\tan^2\theta + 1) - (\sec^2\theta - 1))) + (\sec^2\theta - \tan^2\theta)$

385

$(((1 - \cos^2\theta) + (1 - \sin^2\theta)) - ((\cot\theta\tan\theta) - (1 - \cos^2\theta))) + (1 - \sin^2\theta)$

386

$(((1 + \cot^2\theta) - (\csc^2\theta - 1)) - ((\csc\theta\sin\theta) - (1 - \cos^2\theta))) + (1 - \sin^2\theta)$

387

$(((\csc^2\theta - \cot^2\theta) / (\sin\theta / \cos\theta))((\cos\theta\tan\theta) / (\sin\theta / \tan\theta))) / (\sin\theta / \cos\theta)$

388

$(((\csc^2\theta - \cot^2\theta) / (\cos\theta\tan\theta))((\sin\theta / \tan\theta)(\sin\theta / \cos\theta))) / (\cos\theta\tan\theta)$

389

$(((\sin^2\theta + \cos^2\theta) + (\csc^2\theta - 1)) - ((1 + \cot^2\theta) - (\csc^2\theta - 1))) - (1 + \cot^2\theta)$

390

$(((\tan^2\theta + 1) - (\sec^2\theta - 1)) - ((\sec^2\theta - \tan^2\theta) - (1 - \cos^2\theta))) + (1 - \sin^2\theta)$

391

$(((\tan^2\theta + 1) - (\sec\theta\cos\theta)) + ((1 - \cos^2\theta) + (1 - \sin^2\theta))) - (\sec^2\theta - 1)$

392

$(((1 + \cot^2\theta) - (\csc^2\theta - 1)) + ((1 + \cot^2\theta) - (\sec\theta\cos\theta))) - (\sec^2\theta - \tan^2\theta)$

393

$(((\tan^2\theta + 1) - (\csc\theta\sin\theta)) + ((1 / \cos\theta)(\sin\theta / \tan\theta))) - (\sec^2\theta - 1)$

394

$(((\cot\theta\tan\theta) / (\cos\theta\tan\theta))((\sin\theta / \tan\theta)(\sin\theta / \cos\theta))) - (1 - \sin^2\theta)$

395

$(((\tan^2\theta + 1) - (\sec^2\theta - \tan^2\theta)) + ((1 + \cot^2\theta) - (\csc^2\theta - 1))) - (\sin^2\theta + \cos^2\theta)$

396

$(((\tan^2\theta + 1) - (\cot\theta\tan\theta)) + ((1 / \cos\theta)(\sin\theta / \tan\theta))) - (\sec\theta\cos\theta)$

397

$(((\sin^2\theta + \cos^2\theta) - (1 - \sin^2\theta)) + ((\sin^2\theta + \cos^2\theta) - (1 - \cos^2\theta))) - (1 - \cos^2\theta)$

398

$(((\sec\theta\cos\theta) / (\sin\theta / \cos\theta))((\cos\theta\tan\theta) / (\sin\theta / \tan\theta))) - (1 - \cos^2\theta)$

399

$(((\tan^2\theta + 1) - (\csc^2\theta - \cot^2\theta)) + ((1 / \cos\theta)(\sin\theta / \tan\theta))) - (\cot\theta\tan\theta)$

400

$(((\tan^2\theta + 1) - (\csc\theta\sin\theta)) + ((1 - \cos^2\theta) + (1 - \sin^2\theta))) - (\sec^2\theta - \tan^2\theta)$

401

$(((\sec^2\theta - 1) + (\csc\theta\sin\theta)) - ((1 / \tan\theta)(\sin\theta / \cos\theta))) + (\cot\theta\tan\theta)$

402

$(((\sin^2\theta + \cos^2\theta) / (\sin\theta / \cos\theta))((\cos\theta\tan\theta) / (\sin\theta / \tan\theta))) + (\csc^2\theta - 1)$

403

$(((\tan^2\theta + 1) - (\cot\theta\tan\theta)) + ((\tan^2\theta + 1) - (\sec^2\theta - 1))) - (\sec^2\theta - \tan^2\theta)$

404

$(((\tan^2\theta + 1) - (\cot\theta\tan\theta)) + ((1 / \tan\theta)(\sin\theta / \cos\theta))) - (\cot\theta\tan\theta)$

405

$(((\sec^2\theta - 1) + (\sin^2\theta + \cos^2\theta)) - ((1 / \cos\theta)(\sin\theta / \tan\theta))) + (\sec^2\theta - \tan^2\theta)$

406

$(((1 / \tan\theta)(\sin\theta / \cos\theta)) - ((\sin^2\theta + \cos^2\theta) - (1 - \cos^2\theta))) + (1 - \sin^2\theta)$

407

$(((\sec\theta\cos\theta) + (\csc^2\theta - 1)) - ((1 / \sin\theta)(\cos\theta\tan\theta))) - (1 + \cot^2\theta)$

408

$(((1 - \cos^2\theta) + (1 - \sin^2\theta)) + ((1 + \cot^2\theta) - (\sin^2\theta + \cos^2\theta))) - (\cot\theta\tan\theta)$

409

$(((\cot\theta\tan\theta) / (\sin\theta / \cos\theta))((\cos\theta\tan\theta) / (\sin\theta / \tan\theta))) / (\cos\theta\tan\theta)$

410

$(((\tan^2\theta + 1) - (\sec^2\theta - 1)) + ((1 + \cot^2\theta) - (\sec\theta\cos\theta))) - (\cot\theta\tan\theta)$

411

$(((\csc\theta\sin\theta) / (\sin\theta / \cos\theta))((\cos\theta\tan\theta) / (\sin\theta / \tan\theta))) / (\sin\theta / \tan\theta)$

412

$(((1 / \tan\theta)(\sin\theta / \cos\theta)) + ((1 + \cot^2\theta) - (\sec\theta\cos\theta))) - (\csc^2\theta - \cot^2\theta)$

413

$(((\csc^2\theta - \cot^2\theta) / (\sin\theta / \cos\theta))((\cos\theta\tan\theta) / (\sin\theta / \tan\theta))) + (\csc^2\theta - 1)$

414

$(((\tan^2\theta + 1) - (\sec^2\theta - 1)) + ((1 + \cot^2\theta) - (\csc\theta\sin\theta))) - (\sec\theta\cos\theta)$

415

$(((\sec^2\theta - 1) + (\cot\theta\tan\theta)) - ((\tan^2\theta + 1) - (\sec^2\theta - 1))) + (\csc^2\theta - \cot^2\theta)$

416

$$\left(\left(\left(\frac{1}{\sin\theta}\right)(\cos\theta\tan\theta)\right) + \left((1 + \cot^2\theta) - (\sec\theta\cos\theta)\right)\right) - (\sec^2\theta - \tan^2\theta)$$

417

$$\left(\left((\tan^2\theta + 1) - (\sin^2\theta + \cos^2\theta)\right) + \left((1 - \cos^2\theta) + (1 - \sin^2\theta)\right)\right) - (\csc^2\theta - \cot^2\theta)$$

418

$$\left(\left((\sec\theta\cos\theta) - (1 - \sin^2\theta)\right) + \left((\sec\theta\cos\theta) - (1 - \cos^2\theta)\right)\right) - (1 - \sin^2\theta)$$

419

$$\left(\left((\tan^2\theta + 1) - (\sec\theta\cos\theta)\right) + \left(\left(\frac{1}{\tan\theta}\right)\left(\frac{\sin\theta}{\cos\theta}\right)\right)\right) - (\sec\theta\cos\theta)$$

420

$$\left(\left(\frac{\sec^2\theta - \tan^2\theta}{\sin\theta / \cos\theta}\right)\left(\frac{\cos\theta\tan\theta}{\sin\theta / \tan\theta}\right)\right) - (1 - \cos^2\theta)$$

421

$(((\tan^2\theta + 1) - (\csc^2\theta - \cot^2\theta)) + ((1 / \tan\theta)(\sin\theta / \cos\theta))) - (\sec^2\theta - \tan^2\theta)$

422

$(((\sec\theta\cos\theta) + (\csc^2\theta - 1)) - ((1 + \cot^2\theta) - (\sec\theta\cos\theta))) / (\sin\theta / \cos\theta)$

423

$(((1 + \cot^2\theta) - (\csc^2\theta - 1)) + ((1 + \cot^2\theta) - (\sec\theta\cos\theta))) - (\sin^2\theta + \cos^2\theta)$

424

$(((\csc^2\theta - \cot^2\theta) / (\sin\theta / \cos\theta))((\cos\theta\tan\theta) / (\sin\theta / \tan\theta))) - (1 - \cos^2\theta)$

425

$(((\tan^2\theta + 1) - (\sec^2\theta - 1)) - ((\csc^2\theta - \cot^2\theta) - (1 - \cos^2\theta))) + (1 - \sin^2\theta)$

426

$(((\tan^2\theta + 1) - (\csc^2\theta - \cot^2\theta)) + ((1\ /\ \tan\theta)(\sin\theta\ /\ \cos\theta))) - (\sec^2\theta - 1)$

427

$(((\csc\theta\sin\theta) - (1 - \sin^2\theta\ )) + ((\csc\theta\sin\theta) - (1 - \cos^2\theta))) - (1 - \sin^2\theta\ )$

428

$(((\cot\theta\tan\theta)\ /\ (\sin\theta\ /\ \cos\theta))((\cos\theta\tan\theta)\ /\ (\sin\theta\ /\ \tan\theta))) - (1 - \cos^2\theta)$

429

$(((\tan^2\theta + 1) - (\sec\theta\cos\theta)) + ((1\ /\ \cos\theta)(\sin\theta\ /\ \tan\theta))) - (\sec^2\theta - 1)$

430

$(((\sec^2\theta - 1) + (\sec\theta\cos\theta)) - ((1\ /\ \cos\theta)(\sin\theta\ /\ \tan\theta))) + (\sin^2\theta\ + \cos^2\theta)$

431

$(((\cot\theta\tan\theta) + (\csc^2\theta - 1)) - ((1 + \cot^2\theta) - (\cot\theta\tan\theta))) - (1 - \sin^2\theta)$

432

$(((\csc^2\theta - \cot^2\theta) / (\cos\theta\tan\theta))((\sin\theta / \tan\theta)(\sin\theta / \cos\theta))) - (1 - \cos^2\theta)$

433

$(((\cot\theta\tan\theta) / (\sin\theta / \cos\theta))((\cos\theta\tan\theta) / (\sin\theta / \tan\theta))) - (1 - \sin^2\theta)$

434

$(((\sec^2\theta - 1) + (\sec\theta\cos\theta)) - ((1 + \cot^2\theta) - (\csc^2\theta - 1))) + (\sec^2\theta - \tan^2\theta)$

435

$(((\sec^2\theta - \tan^2\theta) / (\sin\theta / \tan\theta))((\cos\theta\tan\theta) / (\sin\theta / \cos\theta))) + (\csc^2\theta - 1)$

436

$(((\tan^2\theta + 1) - (\csc^2\theta - \cot^2\theta)) + ((1 + \cot^2\theta) - (\csc^2\theta - 1))) - (\sec^2\theta - \tan^2\theta)$

437

$(((\csc^2\theta - \cot^2\theta) + (\csc^2\theta - 1)) - ((1 + \cot^2\theta) - (\csc^2\theta - 1))) - (1 + \cot^2\theta)$

438

$(((1 - \cos^2\theta) + (1 - \sin^2\theta)) + ((1 + \cot^2\theta) - (\sin^2\theta + \cos^2\theta))) - (\sec^2\theta - \tan^2\theta)$

439

$(((\tan^2\theta + 1) - (\csc\theta\sin\theta)) + ((1 + \cot^2\theta) - (\csc^2\theta - 1))) - (\sec^2\theta - 1)$

440

$(((\sec\theta\cos\theta) / (\sin\theta / \cos\theta))((\cos\theta\tan\theta) / (\sin\theta / \tan\theta))) - (1 - \sin^2\theta)$

441

$(((1 + \cot^2\theta) - (\csc^2\theta - 1)) + ((1 + \cot^2\theta) - (\sec^2\theta - \tan^2\theta))) - (\sin^2\theta + \cos^2\theta)$

442

$(((\tan^2\theta + 1) - (\sec\theta\cos\theta)) + ((\tan^2\theta + 1) - (\sec^2\theta - 1))) - (\sec\theta\cos\theta)$

443

$(((\tan^2\theta + 1) - (\sec^2\theta - \tan^2\theta)) + ((1 + \cot^2\theta) - (\csc^2\theta - 1))) - (\sec^2\theta - 1)$

444

$(((\sec^2\theta - 1) + (\csc\theta\sin\theta)) - ((1 \ / \ \tan\theta)(\sin\theta \ / \ \cos\theta))) + (\sec\theta\cos\theta)$

445

$(((\sin^2\theta + \cos^2\theta) \ / \ (\sin\theta \ / \ \cos\theta))((\cos\theta\tan\theta) \ / \ (\sin\theta \ / \ \tan\theta))) - (1 - \sin^2\theta\ )$

446

$(((\cot\theta\tan\theta) - (1 - \sin^2\theta)) + ((\cot\theta\tan\theta) - (1 - \cos^2\theta))) + (\csc^2\theta - 1)$

447

$(((1 / \sin\theta)(\cos\theta\tan\theta)) + ((1 + \cot^2\theta) - (\csc\theta\sin\theta))) - (\sin^2\theta + \cos^2\theta)$

448

$(((\sin^2\theta + \cos^2\theta) / (\sin\theta / \cos\theta))((\cos\theta\tan\theta) / (\sin\theta / \tan\theta))) - (1 - \cos^2\theta)$

449

$(((\cot\theta\tan\theta) + (\csc^2\theta - 1)) - ((1 + \cot^2\theta) - (\csc^2\theta - 1))) - (1 + \cot^2\theta)$

450

$(((\csc\theta\sin\theta) + (\csc^2\theta - 1)) - ((1 + \cot^2\theta) - (\csc\theta\sin\theta))) - (1 - \sin^2\theta)$

451

$(((\sin^2\theta + \cos^2\theta) - (1 - \sin^2\theta)) + ((\sin^2\theta + \cos^2\theta) - (1 - \cos^2\theta))) + (\csc^2\theta - 1)$

452

$(((\sec^2\theta - 1) + (\csc^2\theta - \cot^2\theta)) - ((\tan^2\theta + 1) - (\csc^2\theta - \cot^2\theta))) / (\cos\theta\tan\theta)$

453

$(((\cot\theta\tan\theta) + (\csc^2\theta - 1)) - ((1 / \tan\theta)(\sin\theta / \cos\theta))) - (1 + \cot^2\theta)$

454

$(((\csc^2\theta - \cot^2\theta) / (\cos\theta\tan\theta))((\sin\theta / \tan\theta)(\sin\theta / \cos\theta))) - (1 - \sin^2\theta)$

455

$(((\tan^2\theta + 1) - (\sec\theta\cos\theta)) + ((1 / \sin\theta)(\cos\theta\tan\theta))) - (\sec^2\theta - 1)$

456

$(((1 - \cos^2\theta) + (1 - \sin^2\theta)) + ((1 + \cot^2\theta) - (\csc^2\theta - \cot^2\theta))) - (\sec^2\theta - \tan^2\theta)$

457

$(((\sec^2\theta - 1) + (\sec^2\theta - \tan^2\theta)) - ((\tan^2\theta + 1) - (\sec^2\theta - \tan^2\theta))) - (1 - \cos^2\theta)$

458

$(((\sec^2\theta - 1) + (\sec\theta\cos\theta)) - ((\tan^2\theta + 1) - (\sec\theta\cos\theta))) - (1 - \cos^2\theta)$

459

$(((\sec^2\theta - 1) + (\csc^2\theta - \cot^2\theta)) - ((\tan^2\theta + 1) - (\csc^2\theta - \cot^2\theta))) - (1 - \sin^2\theta)$

460

$(((\cot\theta\tan\theta) / (\sin\theta / \cos\theta))((\cos\theta\tan\theta) / (\sin\theta / \tan\theta))) + (\csc^2\theta - 1)$

461

$(((\tan^2\theta + 1) - (\sec^2\theta - \tan^2\theta)) + ((1 / \tan\theta)(\sin\theta / \cos\theta))) - (\csc\theta\sin\theta)$

462

$(((\csc\theta\sin\theta) + (\csc^2\theta - 1)) - ((1 - \cos^2\theta) + (1 - \sin^2\theta))) - (1 + \cot^2\theta)$

463

$(((1 + \cot^2\theta) - (\csc^2\theta - 1)) + ((1 + \cot^2\theta) - (\sec^2\theta - \tan^2\theta))) - (\cot\theta\tan\theta)$

464

$(((\cot\theta\tan\theta) / (\cos\theta\tan\theta))((\sin\theta / \tan\theta)(\sin\theta / \cos\theta))) / (\cos\theta\tan\theta)$

465

$(((\tan^2\theta + 1) - (\csc\theta\sin\theta)) + ((1 / \sin\theta)(\cos\theta\tan\theta))) - (\cot\theta\tan\theta)$

466

$(((1 + \cot^2\theta) - (\csc^2\theta - 1)) + ((1 + \cot^2\theta) - (\csc^2\theta - \cot^2\theta))) - (\cot\theta\tan\theta)$

467

$(((\tan^2\theta + 1) - (\sin^2\theta + \cos^2\theta)) + ((\tan^2\theta + 1) - (\sec^2\theta - 1))) - (\sec^2\theta - \tan^2\theta)$

468

$(((\sec^2\theta - 1) + (\csc\theta\sin\theta)) - ((\tan^2\theta + 1) - (\csc\theta\sin\theta))) - (1 - \sin^2\theta)$

469

$(((\tan^2\theta + 1) - (\sec^2\theta - 1)) + ((1 + \cot^2\theta) - (\sin^2\theta + \cos^2\theta))) - (\sec\theta\cos\theta)$

470

$(((\csc\theta\sin\theta) / (\cos\theta\tan\theta))((\sin\theta / \tan\theta)(\sin\theta / \cos\theta))) + (\csc^2\theta - 1)$

471

$(((1/\cos\theta)(\sin\theta/\tan\theta)) + ((1+\cot^2\theta) - (\cot\theta\tan\theta))) - (\csc\theta\sin\theta)$

472

$(((\cot\theta\tan\theta)/(\cos\theta\tan\theta))((\sin\theta/\tan\theta)(\sin\theta/\cos\theta)))/(\sin\theta/\tan\theta)$

473

$(((\tan^2\theta + 1) - (\sec\theta\cos\theta)) + ((1+\cot^2\theta) - (\csc^2\theta - 1))) - (\sec^2\theta - 1)$

474

$(((1+\cot^2\theta) - (\csc^2\theta - 1)) - ((\cot\theta\tan\theta) - (1-\cos^2\theta))) + (1-\sin^2\theta)$

475

$(((\sec^2\theta - \tan^2\theta) + (\csc^2\theta - 1)) - ((1/\tan\theta)(\sin\theta/\cos\theta))) - (1+\cot^2\theta)$

476

$(((\tan^2\theta + 1) - (\sec\theta\cos\theta)) + ((1 - \cos^2\theta) + (1 - \sin^2\theta))) - (\csc^2\theta - \cot^2\theta)$

477

$(((\sec^2\theta - \tan^2\theta) + (\csc^2\theta - 1)) - ((1 + \cot^2\theta) - (\sec^2\theta - \tan^2\theta))) / (\sin\theta / \tan\theta)$

478

$(((1 / \tan\theta)(\sin\theta / \cos\theta)) - ((\csc^2\theta - \cot^2\theta) - (1 - \cos^2\theta))) + (1 - \sin^2\theta)$

479

$(((\sec^2\theta - 1) + (\cot\theta\tan\theta)) - ((\tan^2\theta + 1) - (\sec^2\theta - 1))) + (\sec^2\theta - \tan^2\theta)$

480

$(((\sec^2\theta - 1) + (\sin^2\theta + \cos^2\theta)) - ((1 + \cot^2\theta) - (\csc^2\theta - 1))) + (\sec\theta\cos\theta)$

481

(((sec²θ - 1) + (sec²θ - tan²θ)) - ((1 / cosθ)(sinθ / tanθ))) + (secθcosθ)

482

(((1 / cosθ)(sinθ / tanθ)) + ((1 + cot²θ) - (csc²θ - cot²θ))) - (secθcosθ)

483

(((sec²θ - 1) + (secθcosθ)) - ((1 / cosθ)(sinθ / tanθ))) + (csc²θ - cot²θ)

484

(((sec²θ - 1) + (cscθsinθ)) - ((1 / sinθ)(cosθtanθ))) + (cscθsinθ)

485

(((1 / sinθ)(cosθtanθ)) + ((1 + cot²θ) - (sec²θ - tan²θ))) - (csc²θ - cot²θ)

486

$(((1 / \tan\theta)(\sin\theta / \cos\theta)) + ((1 + \cot^2\theta) - (\csc\theta\sin\theta))) - (\cot\theta\tan\theta)$

487

$(((1 / \cos\theta)(\sin\theta / \tan\theta)) + ((1 + \cot^2\theta) - (\csc^2\theta - \cot^2\theta))) - (\sin^2\theta + \cos^2\theta)$

488

$(((1 / \sin\theta)(\cos\theta\tan\theta)) - ((\sec^2\theta - \tan^2\theta) - (1 - \cos^2\theta))) + (1 - \sin^2\theta)$

489

$(((1 - \cos^2\theta) + (1 - \sin^2\theta)) + ((1 + \cot^2\theta) - (\sin^2\theta + \cos^2\theta))) - (\csc\theta\sin\theta)$

490

$(((\csc\theta\sin\theta) / (\sin\theta / \cos\theta))((\cos\theta\tan\theta) / (\sin\theta / \tan\theta))) - (1 - \cos^2\theta)$

491

$(((\csc\theta\sin\theta) / (\sin\theta / \tan\theta))((\cos\theta\tan\theta) / (\sin\theta / \cos\theta))) / (\sin\theta / \tan\theta)$

492

$(((\tan^2\theta + 1) - (\cot\theta\tan\theta)) + ((\tan^2\theta + 1) - (\sec^2\theta - 1))) - (\sec^2\theta - 1)$

493

$(((1 - \cos^2\theta) + (1 - \sin^2\theta)) + ((1 + \cot^2\theta) - (\csc\theta\sin\theta))) - (\cot\theta\tan\theta)$

494

$(((\cot\theta\tan\theta) + (\csc^2\theta - 1)) - ((1 + \cot^2\theta) - (\cot\theta\tan\theta))) / (\cos\theta\tan\theta)$

495

$(((\tan^2\theta + 1) - (\cot\theta\tan\theta)) + ((1 + \cot^2\theta) - (\csc^2\theta - 1))) - (\sec^2\theta - 1)$

496

$(((\sec^2\theta - 1) + (\sec^2\theta - \tan^2\theta)) - ((1 + \cot^2\theta) - (\csc^2\theta - 1))) + (\sin^2\theta + \cos^2\theta)$

497

$(((\sec\theta\cos\theta) / (\sin\theta / \tan\theta))((\cos\theta\tan\theta) / (\sin\theta / \cos\theta))) + (\csc^2\theta - 1)$

498

$(((\tan^2\theta + 1) - (\csc\theta\sin\theta)) + ((1 + \cot^2\theta) - (\csc^2\theta - 1))) - (\sin^2\theta + \cos^2\theta)$

499

$(((\sec^2\theta - 1) + (\sec\theta\cos\theta)) - ((\tan^2\theta + 1) - (\sec^2\theta - 1))) + (\csc^2\theta - \cot^2\theta)$

500

$(((\sec^2\theta - 1) + (\sin^2\theta + \cos^2\theta)) - ((1 - \cos^2\theta) + (1 - \sin^2\theta))) + (\sin^2\theta + \cos^2\theta)$

501

$$\left(\frac{\sec^2\theta - \tan^2\theta}{\cos\theta\tan\theta}\right)\left(\frac{\sin\theta}{\tan\theta}\right)\left(\frac{\sin\theta}{\cos\theta}\right) / (\cos\theta\tan\theta)$$

1

$((1 - \cos^2\theta) + (1 - \sin^2\theta)) + (\csc^2\theta - 1)$

$(\sin^2\theta + \cos^2\theta) + (\csc^2\theta - 1)$

$1 + \cot^2\theta$

$\csc^2\theta$

2

$((1 + \cot^2\theta) - 1) - (1 + \cot^2\theta)$

$(\csc^2\theta - 1) - (1 + \cot^2\theta)$

$\csc^2\theta - \cot^2\theta$

-1

3

$((\tan^2\theta + 1) - (\sec^2\theta - 1)) + (\csc^2\theta - 1)$

$(\sec^2\theta - \tan^2\theta) + (\csc^2\theta - 1)$

$1 + \cot^2\theta$

$\csc^2\theta$

4

$(1 / (\cos\theta\tan\theta))(\cos\theta\tan\theta)$

$(1 / \sin\theta)(\cos\theta\tan\theta)$

$\csc\theta\sin\theta$

1

5

$((\tan^2\theta + 1) - 1) + (\csc\theta\sin\theta)$

$(\sec^2\theta - 1) + (\csc\theta\sin\theta)$

$\tan^2\theta + 1$

$\sec^2\theta$

6

$((1 + \cot^2\theta) - (\csc^2\theta - 1)) + (\csc^2\theta - 1)$

$(\csc^2\theta - \cot^2\theta) + (\csc^2\theta - 1)$

$1 + \cot^2\theta$

$\csc^2\theta$

7

$(1 \:/\: (\sin\theta \:/\: \cos\theta))(\sin\theta \:/\: \cos\theta)$

$(1 \:/\: \tan\theta)(\sin\theta \:/\: \cos\theta)$

$\cot\theta\tan\theta$

1

8

$((\sec^2\theta - 1) + 1) - (\sec\theta\cos\theta)$

$(\tan^2\theta + 1) - (\sec\theta\cos\theta)$

$\sec^2\theta - 1$

$\tan^2\theta$

9

$((1 - \cos^2\theta) + (1 - \sin^2\theta)) - (1 - \sin^2\theta)$

$(\sin^2\theta + \cos^2\theta) - (1 - \sin^2\theta)$

$1 - \cos^2\theta$

$\sin^2\theta$

10

$((\sin\theta / \tan\theta)(\sin\theta / \cos\theta)) / (\sin\theta / \cos\theta)$

$(\cos\theta\tan\theta) / (\sin\theta / \cos\theta)$

$\sin\theta / \tan\theta$

$\cos\theta$

11

$((\cos\theta\tan\theta) / (\sin\theta / \cos\theta)) / (\cos\theta\tan\theta)$

$(\sin\theta / \tan\theta) / (\cos\theta\tan\theta)$

$\cos\theta / \sin\theta$

$\cot\theta$

12

$((\cos\theta / \sin\theta)(\sin\theta / \cos\theta)) / (\sin\theta / \cos\theta)$

$(\cot\theta\tan\theta) / (\sin\theta / \cos\theta)$

$1 / \tan\theta$

$\cot\theta$

13

$((1 - \cos^2\theta) + (1 - \sin^2\theta)) / (\sin\theta / \tan\theta)$

$(\sin^2\theta + \cos^2\theta) / (\sin\theta / \tan\theta)$

$1 / \cos\theta$

$\sec\theta$

14

$((1 / \sin\theta)(\cos\theta\tan\theta)) / (\sin\theta / \cos\theta)$

$(\csc\theta\sin\theta) / (\sin\theta / \cos\theta)$

$1 / \tan\theta$

$\cot\theta$

15

$((\cos\theta\tan\theta) / (\sin\theta / \cos\theta))(\sin\theta / \cos\theta)$

$(\sin\theta / \tan\theta)(\sin\theta / \cos\theta)$

$\cos\theta\tan\theta$

$\sin\theta$

16

$(1 + (\csc^2\theta - 1)) - (\sec^2\theta - \tan^2\theta)$

$(1 + \cot^2\theta) - (\sec^2\theta - \tan^2\theta)$

$\csc^2\theta - 1$

$\cot^2\theta$

17

$((\sec^2\theta - 1) + 1) - (\sec^2\theta - 1)$

$(\tan^2\theta + 1) - (\sec^2\theta - 1)$

$\sec^2\theta - \tan^2\theta$

1

18

$((1 / \sin\theta)(\cos\theta\tan\theta)) + (\csc^2\theta - 1)$

$(\csc\theta\sin\theta) + (\csc^2\theta - 1)$

$1 + \cot^2\theta$

$\csc^2\theta$

19

$((1 + \cot^2\theta) - (\csc^2\theta - 1)) - (1 - \sin^2\theta)$

$(\csc^2\theta - \cot^2\theta) - (1 - \sin^2\theta)$

$1 - \cos^2\theta$

$\sin^2\theta$

20

$(1 - (1 - \sin^2\theta)) + (1 - \sin^2\theta)$

$(1 - \cos^2\theta) + (1 - \sin^2\theta)$

$\sin^2\theta + \cos^2\theta$

1

21

$((1 - \cos^2\theta) + (1 - \sin^2\theta)) - (1 - \cos^2\theta)$

$(\sin^2\theta + \cos^2\theta) - (1 - \cos^2\theta)$

$1 - \sin^2\theta$

$\cos^2\theta$

22

$((1 + \cot^2\theta) - (\csc^2\theta - 1)) / (\cos\theta\tan\theta)$

$(\csc^2\theta - \cot^2\theta) / (\cos\theta\tan\theta)$

$1 / \sin\theta$

$\csc\theta$

23

$(1 / \sin\theta)((\sin\theta / \tan\theta)(\sin\theta / \cos\theta))$

$(1 / \sin\theta)(\cos\theta\tan\theta)$

$\csc\theta\sin\theta$

1

24

$(1 / (\sin\theta / \tan\theta))(\sin\theta / \tan\theta)$

$(1 / \cos\theta)(\sin\theta / \tan\theta)$

$\sec\theta\cos\theta$

1

25

$(\sec^2\theta - 1) + ((1 / \sin\theta)(\cos\theta\tan\theta))$

$(\sec^2\theta - 1) + (\csc\theta\sin\theta)$

$\tan^2\theta + 1$

$\sec^2\theta$

26

$((1 / \cos\theta)(\sin\theta / \tan\theta)) + (\csc^2\theta - 1)$

$(\sec\theta\cos\theta) + (\csc^2\theta - 1)$

$1 + \cot^2\theta$

$\csc^2\theta$

27

$(1 / \cos\theta)((\cos\theta\tan\theta) / (\sin\theta / \cos\theta))$

$(1 / \cos\theta)(\sin\theta / \tan\theta)$

$\sec\theta\cos\theta$

1

28

$(\csc\theta\sin\theta) / ((\cos\theta\tan\theta) / (\sin\theta / \cos\theta))$

$(\csc\theta\sin\theta) / (\sin\theta / \tan\theta)$

$1 / \cos\theta$

$\sec\theta$

29

$(\sec^2\theta - 1) + ((1 - \cos^2\theta) + (1 - \sin^2\theta))$

$(\sec^2\theta - 1) + (\sin^2\theta + \cos^2\theta)$

$\tan^2\theta + 1$

$\sec^2\theta$

30

$((\tan^2\theta + 1) - (\sec^2\theta - 1)) - (1 - \sin^2\theta)$

$(\sec^2\theta - \tan^2\theta) - (1 - \sin^2\theta)$

$1 - \cos^2\theta$

$\sin^2\theta$

31

$(\cos\theta\tan\theta) / ((\cos\theta\tan\theta) / (\sin\theta / \cos\theta))$

$(\cos\theta\tan\theta) / (\sin\theta / \tan\theta)$

$\sin\theta / \cos\theta$

$\tan\theta$

32

$((\cos\theta / \sin\theta)(\sin\theta / \cos\theta)) + (\csc^2\theta - 1)$

$(\cot\theta\tan\theta) + (\csc^2\theta - 1)$

$1 + \cot^2\theta$

$\csc^2\theta$

33

$(\tan^2\theta + 1) - ((\tan^2\theta + 1) - 1)$

$(\tan^2\theta + 1) - (\sec^2\theta - 1)$

$\sec^2\theta - \tan^2\theta$

1

34

$((\cos\theta\tan\theta) / (\sin\theta / \cos\theta)) / (\cos\theta\tan\theta)$

$(\sin\theta / \tan\theta) / (\cos\theta\tan\theta)$

$\cos\theta / \sin\theta$

$\cot\theta$

35

$(\csc^2\theta - 1) - (1 + (\csc^2\theta - 1))$

$(\csc^2\theta - 1) - (1 + \cot^2\theta)$

$\csc^2\theta - \cot^2\theta$

-1

36

$((\tan^2\theta + 1) - 1) + (\sec\theta\cos\theta)$

$(\sec^2\theta - 1) + (\sec\theta\cos\theta)$

$\tan^2\theta + 1$

$\sec^2\theta$

37

$(\csc^2\theta - \cot^2\theta) / ((\sin\theta / \tan\theta)(\sin\theta / \cos\theta))$

$(\csc^2\theta - \cot^2\theta) / (\cos\theta \tan\theta)$

$1 / \sin\theta$

$\csc\theta$

38

$((\tan^2\theta + 1) - (\sec^2\theta - 1)) / (\sin\theta / \tan\theta)$

$(\sec^2\theta - \tan^2\theta) / (\sin\theta / \tan\theta)$

$1 / \cos\theta$

$\sec\theta$

39

$(1 + \cot^2\theta) - ((\tan^2\theta + 1) - (\sec^2\theta - 1))$

$(1 + \cot^2\theta) - (\sec^2\theta - \tan^2\theta)$

$\csc^2\theta - 1$

$\cot^2\theta$

40

$(\sin^2\theta + \cos^2\theta) - (1 - (1 - \cos^2\theta))$

$(\sin^2\theta + \cos^2\theta) - (1 - \sin^2\theta)$

$1 - \cos^2\theta$

$\sin^2\theta$

41

$((\tan^2\theta + 1) - 1) + (\sin^2\theta + \cos^2\theta)$

$(\sec^2\theta - 1) + (\sin^2\theta + \cos^2\theta)$

$\tan^2\theta + 1$

$\sec^2\theta$

42

$(1 + \cot^2\theta) - ((1 - \cos^2\theta) + (1 - \sin^2\theta))$

$(1 + \cot^2\theta) - (\sin^2\theta + \cos^2\theta)$

$\csc^2\theta - 1$

$\cot^2\theta$

43

$(1 - \cos^2\theta) + (1 - (1 - \cos^2\theta))$

$(1 - \cos^2\theta) + (1 - \sin^2\theta)$

$\sin^2\theta + \cos^2\theta$

1

44

$(\cot\theta \tan\theta) / ((\sin\theta / \tan\theta)(\sin\theta / \cos\theta))$

$(\cot\theta \tan\theta) / (\cos\theta \tan\theta)$

$1 / \sin\theta$

$\csc\theta$

45

$((\sec^2\theta - 1) + 1) - (\csc^2\theta - \cot^2\theta)$

$(\tan^2\theta + 1) - (\csc^2\theta - \cot^2\theta)$

$\sec^2\theta - 1$

$\tan^2\theta$

46

$(\sec^2\theta - 1) + ((1/\cos\theta)(\sin\theta/\tan\theta))$

$(\sec^2\theta - 1) + (\sec\theta\cos\theta)$

$\tan^2\theta + 1$

$\sec^2\theta$

47

$((\sin\theta/\tan\theta)(\sin\theta/\cos\theta))/(\sin\theta/\tan\theta)$

$(\cos\theta\tan\theta)/(\sin\theta/\tan\theta)$

$\sin\theta/\cos\theta$

$\tan\theta$

48

$(\cot\theta\tan\theta) - (1 - (1 - \cos^2\theta))$

$(\cot\theta\tan\theta) - (1 - \sin^2\theta)$

$1 - \cos^2\theta$

$\sin^2\theta$

49

$((\cos\theta / \sin\theta)(\sin\theta / \cos\theta)) / (\cos\theta \tan\theta)$

$(\cot\theta \tan\theta) / (\cos\theta \tan\theta)$

$1 / \sin\theta$

$\csc\theta$

50

$(\cos\theta \tan\theta) / ((\cos\theta \tan\theta) / (\sin\theta / \tan\theta))$

$(\cos\theta \tan\theta) / (\sin\theta / \cos\theta)$

$\sin\theta / \tan\theta$

$\cos\theta$

51

$(\sin^2\theta + \cos^2\theta) - (1 - (1 - \sin^2\theta))$

$(\sin^2\theta + \cos^2\theta) - (1 - \cos^2\theta)$

$1 - \sin^2\theta$

$\cos^2\theta$

52

$(\tan^2\theta + 1) - ((\tan^2\theta + 1) - (\sec^2\theta - 1))$

$(\tan^2\theta + 1) - (\sec^2\theta - \tan^2\theta)$

$\sec^2\theta - 1$

$\tan^2\theta$

53

$(1 / \tan\theta)((\cos\theta\tan\theta) / (\sin\theta / \tan\theta))$

$(1 / \tan\theta)(\sin\theta / \cos\theta)$

$\cot\theta\tan\theta$

1

54

$((1 / \cos\theta)(\sin\theta / \tan\theta)) / (\cos\theta\tan\theta)$

$(\sec\theta\cos\theta) / (\cos\theta\tan\theta)$

$1 / \sin\theta$

$\csc\theta$

55

$(1 + \cot^2\theta) - ((1 / \cos\theta)(\sin\theta / \tan\theta))$

$(1 + \cot^2\theta) - (\sec\theta\cos\theta)$

$\csc^2\theta - 1$

$\cot^2\theta$

56

$(\tan^2\theta + 1) - ((1 / \sin\theta)(\cos\theta\tan\theta))$

$(\tan^2\theta + 1) - (\csc\theta\sin\theta)$

$\sec^2\theta - 1$

$\tan^2\theta$

57

$((1/\cos\theta)(\sin\theta/\tan\theta)) - (1 - \cos^2\theta)$

$(\sec\theta\cos\theta) - (1 - \cos^2\theta)$

$1 - \sin^2\theta$

$\cos^2\theta$

58

$(\sin\theta/\tan\theta)((\cos\theta\tan\theta)/(\sin\theta/\tan\theta))$

$(\sin\theta/\tan\theta)(\sin\theta/\cos\theta)$

$\cos\theta\tan\theta$

$\sin\theta$

59

$(\sec^2\theta - \tan^2\theta) / ((\cos\theta\tan\theta)/(\sin\theta/\tan\theta))$

$(\sec^2\theta - \tan^2\theta) / (\sin\theta/\cos\theta)$

$1 / \tan\theta$

$\cot\theta$

60

$((\tan^2\theta + 1) - 1) + (\csc^2\theta - \cot^2\theta)$

$(\sec^2\theta - 1) + (\csc^2\theta - \cot^2\theta)$

$\tan^2\theta + 1$

$\sec^2\theta$

61

$(1 + \cot^2\theta) - ((1 / \sin\theta)(\cos\theta\tan\theta))$

$(1 + \cot^2\theta) - (\csc\theta\sin\theta)$

$\csc^2\theta - 1$

$\cot^2\theta$

62

$(\sec^2\theta - \tan^2\theta) + ((1 + \cot^2\theta) - 1)$

$(\sec^2\theta - \tan^2\theta) + (\csc^2\theta - 1)$

$1 + \cot^2\theta$

$\csc^2\theta$

63

$(\sec^2\theta - \tan^2\theta) / ((\sin\theta / \tan\theta)(\sin\theta / \cos\theta))$

$(\sec^2\theta - \tan^2\theta) / (\cos\theta\tan\theta)$

$1 / \sin\theta$

$\csc\theta$

64

$(\sec\theta\cos\theta) - (1 - (1 - \sin^2\theta))$

$(\sec\theta\cos\theta) - (1 - \cos^2\theta)$

$1 - \sin^2\theta$

$\cos^2\theta$

65

$(1 + (\csc^2\theta - 1)) - (\sin^2\theta + \cos^2\theta)$

$(1 + \cot^2\theta) - (\sin^2\theta + \cos^2\theta)$

$\csc^2\theta - 1$

$\cot^2\theta$

66

$(\sec^2\theta - 1) + ((1 + \cot^2\theta) - (\csc^2\theta - 1))$

$(\sec^2\theta - 1) + (\csc^2\theta - \cot^2\theta)$

$\tan^2\theta + 1$

$\sec^2\theta$

67

$(\sin^2\theta + \cos^2\theta) / ((\cos\theta\tan\theta) / (\sin\theta / \cos\theta))$

$(\sin^2\theta + \cos^2\theta) / (\sin\theta / \tan\theta)$

$1 / \cos\theta$

$\sec\theta$

68

$(\sec\theta\cos\theta) / ((\cos\theta\tan\theta) / (\sin\theta / \tan\theta))$

$(\sec\theta\cos\theta) / (\sin\theta / \cos\theta)$

$1 / \tan\theta$

$\cot\theta$

69

$(\csc\theta\sin\theta) / ((\sin\theta / \tan\theta)(\sin\theta / \cos\theta))$

$(\csc\theta\sin\theta) / (\cos\theta\tan\theta)$

$1 / \sin\theta$

$\csc\theta$

70

$(\sec\theta\cos\theta) - (1 - (1 - \cos^2\theta))$

$(\sec\theta\cos\theta) - (1 - \sin^2\theta)$

$1 - \cos^2\theta$

$\sin^2\theta$

71

$((\sec^2\theta - 1) + 1) - (\csc\theta\sin\theta)$

$(\tan^2\theta + 1) - (\csc\theta\sin\theta)$

$\sec^2\theta - 1$

$\tan^2\theta$

72

$((\sec^2\theta - 1) + 1) - (\cot\theta\tan\theta)$

$(\tan^2\theta + 1) - (\cot\theta\tan\theta)$

$\sec^2\theta - 1$

$\tan^2\theta$

73

$(1 + (\csc^2\theta - 1)) - (\cot\theta\tan\theta)$

$(1 + \cot^2\theta) - (\cot\theta\tan\theta)$

$\csc^2\theta - 1$

$\cot^2\theta$

74

$(\sin\theta / \tan\theta) / ((\sin\theta / \tan\theta)(\sin\theta / \cos\theta))$

$(\sin\theta / \tan\theta) / (\cos\theta\tan\theta)$

$\cos\theta / \sin\theta$

$\cot\theta$

75

$(1 + \cot^2\theta) - ((\cos\theta / \sin\theta)(\sin\theta / \cos\theta))$

$(1 + \cot^2\theta) - (\cot\theta\tan\theta)$

$\csc^2\theta - 1$

$\cot^2\theta$

76

$((\tan^2\theta + 1) - (\sec^2\theta - 1)) / (\cos\theta\tan\theta)$

$(\sec^2\theta - \tan^2\theta) / (\cos\theta\tan\theta)$

$1 / \sin\theta$

$\csc\theta$

77

$(\sec^2\theta - 1) + ((\tan^2\theta + 1) - (\sec^2\theta - 1))$

$(\sec^2\theta - 1) + (\sec^2\theta - \tan^2\theta)$

$\tan^2\theta + 1$

$\sec^2\theta$

78

$(\sin^2\theta + \cos^2\theta) + ((1 + \cot^2\theta) - 1)$

$(\sin^2\theta + \cos^2\theta) + (\csc^2\theta - 1)$

$1 + \cot^2\theta$

$\csc^2\theta$

79

$(\csc^2\theta - \cot^2\theta) + ((1 + \cot^2\theta) - 1)$

$(\csc^2\theta - \cot^2\theta) + (\csc^2\theta - 1)$

$1 + \cot^2\theta$

$\csc^2\theta$

80

$(1 + (\csc^2\theta - 1)) - (\csc^2\theta - \cot^2\theta)$

$(1 + \cot^2\theta) - (\csc^2\theta - \cot^2\theta)$

$\csc^2\theta - 1$

$\cot^2\theta$

81

$((1/\sin\theta)(\cos\theta\tan\theta)) - (1 - \cos^2\theta)$

$(\csc\theta\sin\theta) - (1 - \cos^2\theta)$

$1 - \sin^2\theta$

$\cos^2\theta$

82

$((1 + \cot^2\theta) - (\csc^2\theta - 1)) / (\sin\theta / \tan\theta)$

$(\csc^2\theta - \cot^2\theta) / (\sin\theta / \tan\theta)$

$1 / \cos\theta$

$\sec\theta$

83

$(1 + (\csc^2\theta - 1)) - (\csc\theta\sin\theta)$

$(1 + \cot^2\theta) - (\csc\theta\sin\theta)$

$\csc^2\theta - 1$

$\cot^2\theta$

84

$(\csc^2\theta - 1) - (1 + (\csc^2\theta - 1))$

$(\csc^2\theta - 1) - (1 + \cot^2\theta)$

$\csc^2\theta - \cot^2\theta$

-1

85

$((1 + \cot^2\theta) - (\csc^2\theta - 1)) - (1 - \cos^2\theta)$

$(\csc^2\theta - \cot^2\theta) - (1 - \cos^2\theta)$

$1 - \sin^2\theta$

$\cos^2\theta$

86

$(\tan^2\theta + 1) - ((\tan^2\theta + 1) - 1)$

$(\tan^2\theta + 1) - (\sec^2\theta - 1)$

$\sec^2\theta - \tan^2\theta$

1

87

$(\sec^2\theta - \tan^2\theta) - (1 - (1 - \sin^2\theta))$

$(\sec^2\theta - \tan^2\theta) - (1 - \cos^2\theta)$

$1 - \sin^2\theta$

$\cos^2\theta$

88

$(1 + \cot^2\theta) - ((1 + \cot^2\theta) - (\csc^2\theta - 1))$

$(1 + \cot^2\theta) - (\csc^2\theta - \cot^2\theta)$

$\csc^2\theta - 1$

$\cot^2\theta$

89

$((\tan^2\theta + 1) - (\sec^2\theta - 1)) - (1 - \cos^2\theta)$

$(\sec^2\theta - \tan^2\theta) - (1 - \cos^2\theta)$

$1 - \sin^2\theta$

$\cos^2\theta$

90

$((\tan^2\theta + 1) - 1) + (\cot\theta\tan\theta)$

$(\sec^2\theta - 1) + (\cot\theta\tan\theta)$

$\tan^2\theta + 1$

$\sec^2\theta$

91

$(\csc\theta\sin\theta) - (1 - (1 - \cos^2\theta))$

$(\csc\theta\sin\theta) - (1 - \sin^2\theta)$

$1 - \cos^2\theta$

$\sin^2\theta$

92

$((\sec^2\theta - 1) + 1) - (\sec^2\theta - \tan^2\theta)$

$(\tan^2\theta + 1) - (\sec^2\theta - \tan^2\theta)$

$\sec^2\theta - 1$

$\tan^2\theta$

93

$(\csc^2\theta - \cot^2\theta) / ((\cos\theta\tan\theta) / (\sin\theta / \tan\theta))$

$(\csc^2\theta - \cot^2\theta) / (\sin\theta / \cos\theta)$

$1 / \tan\theta$

$\cot\theta$

94

$((\cos\theta / \sin\theta)(\sin\theta / \cos\theta)) - (1 - \cos^2\theta)$

$(\cot\theta\tan\theta) - (1 - \cos^2\theta)$

$1 - \sin^2\theta$

$\cos^2\theta$

95

$(\tan^2\theta + 1) - ((1 / \cos\theta)(\sin\theta / \tan\theta))$

$(\tan^2\theta + 1) - (\sec\theta\cos\theta)$

$\sec^2\theta - 1$

$\tan^2\theta$

96

$((\tan^2\theta + 1) - 1) + (\sec^2\theta - \tan^2\theta)$

$(\sec^2\theta - 1) + (\sec^2\theta - \tan^2\theta)$

$\tan^2\theta + 1$

$\sec^2\theta$

97

(cscθsinθ) / ((cosθtanθ) / (sinθ / tanθ))

(cscθsinθ) / (sinθ / cosθ)

1 / tanθ

cotθ

98

$(\csc^2\theta - \cot^2\theta) - (1 - (1 - \sin^2\theta))$

$(\csc^2\theta - \cot^2\theta) - (1 - \cos^2\theta)$

$1 - \sin^2\theta$

$\cos^2\theta$

99

((1 / cosθ)(sinθ / tanθ)) - (1 - $\sin^2\theta$)

(secθcosθ) - (1 - $\sin^2\theta$)

$1 - \cos^2\theta$

$\sin^2\theta$

100

(cotθtanθ) - (1 - (1 - $\sin^2\theta$))

(cotθtanθ) - (1 - $\cos^2\theta$)

$1 - \sin^2\theta$

$\cos^2\theta$

101

$(\sin^2\theta + \cos^2\theta) / ((\cos\theta\tan\theta) / (\sin\theta / \tan\theta))$

$(\sin^2\theta + \cos^2\theta) / (\sin\theta / \cos\theta)$

$1 / \tan\theta$

$\cot\theta$

102

$((\cos\theta / \sin\theta)(\sin\theta / \cos\theta)) / (\sin\theta / \tan\theta)$

$(\cot\theta\tan\theta) / (\sin\theta / \tan\theta)$

$1 / \cos\theta$

$\sec\theta$

103

$((1 / \cos\theta)(\sin\theta / \tan\theta)) / (\sin\theta / \tan\theta)$

$(\sec\theta\cos\theta) / (\sin\theta / \tan\theta)$

$1 / \cos\theta$

$\sec\theta$

104

$(\sec\theta\cos\theta) / ((\cos\theta\tan\theta) / (\sin\theta / \cos\theta))$

$(\sec\theta\cos\theta) / (\sin\theta / \tan\theta)$

$1 / \cos\theta$

$\sec\theta$

105

$(\sin^2\theta + \cos^2\theta) / ((\sin\theta / \tan\theta)(\sin\theta / \cos\theta))$

$(\sin^2\theta + \cos^2\theta) / (\cos\theta\tan\theta)$

$1 / \sin\theta$

$\csc\theta$

106

$(\sec\theta\cos\theta) / ((\sin\theta / \tan\theta)(\sin\theta / \cos\theta))$

$(\sec\theta\cos\theta) / (\cos\theta\tan\theta)$

$1 / \sin\theta$

$\csc\theta$

107

$((\tan^2\theta + 1) - (\sec^2\theta - 1)) / (\sin\theta / \cos\theta)$

$(\sec^2\theta - \tan^2\theta) / (\sin\theta / \cos\theta)$

$1 / \tan\theta$

$\cot\theta$

108

$(1 + (\csc^2\theta - 1)) - (\sec\theta\cos\theta)$

$(1 + \cot^2\theta) - (\sec\theta\cos\theta)$

$\csc^2\theta - 1$

$\cot^2\theta$

109

$(\sec\theta\cos\theta) + ((1 + \cot^2\theta) - 1)$

$(\sec\theta\cos\theta) + (\csc^2\theta - 1)$

$1 + \cot^2\theta$

$\csc^2\theta$

110

$(\sec^2\theta - 1) + ((\cos\theta / \sin\theta)(\sin\theta / \cos\theta))$

$(\sec^2\theta - 1) + (\cot\theta\tan\theta)$

$\tan^2\theta + 1$

$\sec^2\theta$

111

$((\cos\theta / \sin\theta)(\sin\theta / \cos\theta)) - (1 - \sin^2\theta)$

$(\cot\theta\tan\theta) - (1 - \sin^2\theta)$

$1 - \cos^2\theta$

$\sin^2\theta$

112

$(\sec^2\theta - \tan^2\theta) - (1 - (1 - \cos^2\theta))$

$(\sec^2\theta - \tan^2\theta) - (1 - \sin^2\theta)$

$1 - \cos^2\theta$

$\sin^2\theta$

113

$((1 + \cot^2\theta) - (\csc^2\theta - 1)) / (\sin\theta / \cos\theta)$

$(\csc^2\theta - \cot^2\theta) / (\sin\theta / \cos\theta)$

$1 / \tan\theta$

$\cot\theta$

114

$(\sec^2\theta - \tan^2\theta) / ((\cos\theta\tan\theta) / (\sin\theta / \cos\theta))$

$(\sec^2\theta - \tan^2\theta) / (\sin\theta / \tan\theta)$

$1 / \cos\theta$

$\sec\theta$

115

$((\sec^2\theta - 1) + 1) - (\sin^2\theta + \cos^2\theta)$

$(\tan^2\theta + 1) - (\sin^2\theta + \cos^2\theta)$

$\sec^2\theta - 1$

$\tan^2\theta$

116

$(\cot\theta\tan\theta) / ((\cos\theta\tan\theta) / (\sin\theta / \tan\theta))$

$(\cot\theta\tan\theta) / (\sin\theta / \cos\theta)$

$1 / \tan\theta$

$\cot\theta$

117

$((1 - \cos^2\theta) + (1 - \sin^2\theta)) / (\sin\theta / \cos\theta)$

$(\sin^2\theta + \cos^2\theta) / (\sin\theta / \cos\theta)$

$1 / \tan\theta$

$\cot\theta$

118

$(\cot\theta\tan\theta) + ((1 + \cot^2\theta) - 1)$

$(\cot\theta\tan\theta) + (\csc^2\theta - 1)$

$1 + \cot^2\theta$

$\csc^2\theta$

119

$(\csc^2\theta - \cot^2\theta) - (1 - (1 - \cos^2\theta))$

$(\csc^2\theta - \cot^2\theta) - (1 - \sin^2\theta)$

$1 - \cos^2\theta$

$\sin^2\theta$

120

$((1 / \cos\theta)(\sin\theta / \tan\theta)) / (\sin\theta / \cos\theta)$

$(\sec\theta\cos\theta) / (\sin\theta / \cos\theta)$

$1 / \tan\theta$

$\cot\theta$

121

$(\csc\theta\sin\theta) - (1 - (1 - \sin^2\theta))$

$(\csc\theta\sin\theta) - (1 - \cos^2\theta)$

$1 - \sin^2\theta$

$\cos^2\theta$

122

$(\csc^2\theta - \cot^2\theta) / ((\cos\theta\tan\theta) / (\sin\theta / \cos\theta))$

$(\csc^2\theta - \cot^2\theta) / (\sin\theta / \tan\theta)$

$1 / \cos\theta$

$\sec\theta$

123

$((1 - \cos^2\theta) + (1 - \sin^2\theta)) / (\cos\theta\tan\theta)$

$(\sin^2\theta + \cos^2\theta) / (\cos\theta\tan\theta)$

$1 / \sin\theta$

$\csc\theta$

124

$(\tan^2\theta + 1) - ((1 - \cos^2\theta) + (1 - \sin^2\theta))$

$(\tan^2\theta + 1) - (\sin^2\theta + \cos^2\theta)$

$\sec^2\theta - 1$

$\tan^2\theta$

125

$((1/\sin\theta)(\cos\theta\tan\theta))/(\cos\theta\tan\theta)$

$(\csc\theta\sin\theta)/(\cos\theta\tan\theta)$

$1/\sin\theta$

$\csc\theta$

126

$(\cot\theta\tan\theta)/((\cos\theta\tan\theta)/(\sin\theta/\cos\theta))$

$(\cot\theta\tan\theta)/(\sin\theta/\tan\theta)$

$1/\cos\theta$

$\sec\theta$

127

$((1/\sin\theta)(\cos\theta\tan\theta))/(\sin\theta/\tan\theta)$

$(\csc\theta\sin\theta)/(\sin\theta/\tan\theta)$

$1/\cos\theta$

$\sec\theta$

128

$(\tan^2\theta + 1) - ((\cos\theta/\sin\theta)(\sin\theta/\cos\theta))$

$(\tan^2\theta + 1) - (\cot\theta\tan\theta)$

$\sec^2\theta - 1$

$\tan^2\theta$

129

$(\csc\theta\sin\theta) + ((1 + \cot^2\theta) - 1)$

$(\csc\theta\sin\theta) + (\csc^2\theta - 1)$

$1 + \cot^2\theta$

$\csc^2\theta$

130

$((1 / \sin\theta)(\cos\theta\tan\theta)) - (1 - \sin^2\theta)$

$(\csc\theta\sin\theta) - (1 - \sin^2\theta)$

$1 - \cos^2\theta$

$\sin^2\theta$

131

$(((\tan^2\theta + 1) - (\csc^2\theta - \cot^2\theta)) + ((1 / \sin\theta)(\cos\theta\tan\theta))) - (\csc^2\theta - \cot^2\theta)$

$((\sec^2\theta - 1) + (\csc\theta\sin\theta)) - (\csc^2\theta - \cot^2\theta)$

$(\tan^2\theta + 1) - (\csc^2\theta - \cot^2\theta)$

$\sec^2\theta - 1$

$\tan^2\theta$

132

(((sinθ / tanθ)(sinθ / cosθ)) / ((cosθtanθ) / (sinθ / tanθ))) / (cosθtanθ)

((cosθtanθ) / (sinθ / cosθ)) / (cosθtanθ)

(sinθ / tanθ) / (cosθtanθ)

cosθ / sinθ

cotθ

133

(((cosθtanθ) / (sinθ / cosθ))((cosθtanθ) / (sinθ / tanθ))) / (sinθ / tanθ)

((sinθ / tanθ)(sinθ / cosθ)) / (sinθ / tanθ)

(cosθtanθ) / (sinθ / tanθ)

sinθ / cosθ

tanθ

134

(((cscθsinθ) / (sinθ / cosθ))((cosθtanθ) / (sinθ / tanθ))) / (cosθtanθ)

((1 / tanθ)(sinθ / cosθ)) / (cosθtanθ)

(cotθtanθ) / (cosθtanθ)

1 / sinθ

cscθ

135

$(((1/\sin\theta)(\cos\theta\tan\theta)) + ((1 + \cot^2\theta) - (\sec\theta\cos\theta))) - (\csc^2\theta - \cot^2\theta)$

$((\csc\theta\sin\theta) + (\csc^2\theta - 1)) - (\csc^2\theta - \cot^2\theta)$

$(1 + \cot^2\theta) - (\csc^2\theta - \cot^2\theta)$

$\csc^2\theta - 1$

$\cot^2\theta$

136

$(((\sin\theta/\tan\theta)(\sin\theta/\cos\theta))/((\cos\theta\tan\theta)/(\sin\theta/\tan\theta)))(\sin\theta/\cos\theta)$

$((\cos\theta\tan\theta)/(\sin\theta/\cos\theta))(\sin\theta/\cos\theta)$

$(\sin\theta/\tan\theta)(\sin\theta/\cos\theta)$

$\cos\theta\tan\theta$

$\sin\theta$

137

$(((\cot\theta\tan\theta) - (1 - \sin^2\theta)) + ((\cot\theta\tan\theta) - (1 - \cos^2\theta))) - (1 - \sin^2\theta)$

$((1 - \cos^2\theta) + (1 - \sin^2\theta)) - (1 - \sin^2\theta)$

$(\sin^2\theta + \cos^2\theta) - (1 - \sin^2\theta)$

$1 - \cos^2\theta$

$\sin^2\theta$

138

$(((1/\cos\theta)(\sin\theta/\tan\theta)) / ((\cos\theta\tan\theta)/(\sin\theta/\tan\theta)))(\sin\theta/\cos\theta)$

$((\sec\theta\cos\theta) / (\sin\theta/\cos\theta))(\sin\theta/\cos\theta)$

$(1 / \tan\theta)(\sin\theta/\cos\theta)$

$\cot\theta\tan\theta$

1

139

$(((1/\cos\theta)(\sin\theta/\tan\theta)) - ((\cot\theta\tan\theta) - (1-\cos^2\theta))) + (1-\sin^2\theta)$

$((\sec\theta\cos\theta) - (1-\sin^2\theta)) + (1-\sin^2\theta)$

$(1-\cos^2\theta) + (1-\sin^2\theta)$

$\sin^2\theta + \cos^2\theta$

1

140

$(((\sec\theta\cos\theta)/(\sin\theta/\cos\theta))((\cos\theta\tan\theta)/(\sin\theta/\tan\theta))) / (\sin\theta/\cos\theta)$

$((1/\tan\theta)(\sin\theta/\cos\theta)) / (\sin\theta/\cos\theta)$

$(\cot\theta\tan\theta) / (\sin\theta/\cos\theta)$

$1 / \tan\theta$

$\cot\theta$

141

$(((\sec^2θ - 1) + (\cotθ\tanθ)) - ((1 / \tanθ)(\sinθ / \cosθ))) + (\cotθ\tanθ)$

$((\tan^2θ + 1) - (\cotθ\tanθ)) + (\cotθ\tanθ)$

$(\sec^2θ - 1) + (\cotθ\tanθ)$

$\tan^2θ + 1$

$\sec^2θ$

142

$(((\cscθ\sinθ) + (\csc^2θ - 1)) - ((1 + \cot^2θ) - (\cscθ\sinθ))) - (1 - \cos^2θ)$

$((1 + \cot^2θ) - (\csc^2θ - 1)) - (1 - \cos^2θ)$

$(\csc^2θ - \cot^2θ) - (1 - \cos^2θ)$

$1 - \sin^2θ$

$\cos^2θ$

143

$(((\sec^2θ - 1) + (\cotθ\tanθ)) - ((1 / \sinθ)(\cosθ\tanθ))) + (\csc^2θ - \cot^2θ)$

$((\tan^2θ + 1) - (\cscθ\sinθ)) + (\csc^2θ - \cot^2θ)$

$(\sec^2θ - 1) + (\csc^2θ - \cot^2θ)$

$\tan^2θ + 1$

$\sec^2θ$

144

$(((\cos\theta\tan\theta) / (\sin\theta / \cos\theta))((\cos\theta\tan\theta) / (\sin\theta / \tan\theta))) / (\sin\theta / \cos\theta)$

$((\sin\theta / \tan\theta)(\sin\theta / \cos\theta)) / (\sin\theta / \cos\theta)$

$(\cos\theta\tan\theta) / (\sin\theta / \cos\theta)$

$\sin\theta / \tan\theta$

$\cos\theta$

145

$(((\csc^2\theta - \cot^2\theta) + (\csc^2\theta - 1)) - ((1 + \cot^2\theta) - (\csc^2\theta - \cot^2\theta))) / (\sin\theta / \tan\theta)$

$((1 + \cot^2\theta) - (\csc^2\theta - 1)) / (\sin\theta / \tan\theta)$

$(\csc^2\theta - \cot^2\theta) / (\sin\theta / \tan\theta)$

$1 / \cos\theta$

$\sec\theta$

146

$(((\sin^2\theta + \cos^2\theta) - (1 - \sin^2\theta)) + ((\sin^2\theta + \cos^2\theta) - (1 - \cos^2\theta))) / (\cos\theta\tan\theta)$

$((1 - \cos^2\theta) + (1 - \sin^2\theta)) / (\cos\theta\tan\theta)$

$(\sin^2\theta + \cos^2\theta) / (\cos\theta\tan\theta)$

$1 / \sin\theta$

$\csc\theta$

147

$(((\sin^2\theta + \cos^2\theta) / (\sin\theta / \cos\theta))((\cos\theta\tan\theta) / (\sin\theta / \tan\theta))) / (\sin\theta / \cos\theta)$

$((1 / \tan\theta)(\sin\theta / \cos\theta)) / (\sin\theta / \cos\theta)$

$(\cot\theta\tan\theta) / (\sin\theta / \cos\theta)$

$1 / \tan\theta$

$\cot\theta$

148

$(((1 + \cot^2\theta) - (\csc^2\theta - 1)) / ((\cos\theta\tan\theta) / (\sin\theta / \tan\theta)))(\sin\theta / \cos\theta)$

$((\csc^2\theta - \cot^2\theta) / (\sin\theta / \cos\theta))(\sin\theta / \cos\theta)$

$(1 / \tan\theta)(\sin\theta / \cos\theta)$

$\cot\theta\tan\theta$

1

149

$(((\sin^2\theta + \cos^2\theta) + (\csc^2\theta - 1)) - ((1 + \cot^2\theta) - (\sin^2\theta + \cos^2\theta))) / (\sin\theta / \cos\theta)$

$((1 + \cot^2\theta) - (\csc^2\theta - 1)) / (\sin\theta / \cos\theta)$

$(\csc^2\theta - \cot^2\theta) / (\sin\theta / \cos\theta)$

$1 / \tan\theta$

$\cot\theta$

150

$\left(\left(\left(1/\cos\theta\right)\left(\sin\theta/\tan\theta\right)\right) + \left(\left(1 + \cot^2\theta\right) - \left(\sec\theta\cos\theta\right)\right)\right) - \left(\cot\theta\tan\theta\right)$

$\left(\left(\sec\theta\cos\theta\right) + \left(\csc^2\theta - 1\right)\right) - \left(\cot\theta\tan\theta\right)$

$\left(1 + \cot^2\theta\right) - \left(\cot\theta\tan\theta\right)$

$\csc^2\theta - 1$

$\cot^2\theta$

151

$\left(\left(\left(\tan^2\theta + 1\right) - \left(\sec\theta\cos\theta\right)\right) + \left(\left(\tan^2\theta + 1\right) - \left(\sec^2\theta - 1\right)\right)\right) - \left(\sec^2\theta - 1\right)$

$\left(\left(\sec^2\theta - 1\right) + \left(\sec^2\theta - \tan^2\theta\right)\right) - \left(\sec^2\theta - 1\right)$

$\left(\tan^2\theta + 1\right) - \left(\sec^2\theta - 1\right)$

$\sec^2\theta - \tan^2\theta$

1

152

$\left(\left(\left(\sec\theta\cos\theta\right)/\left(\sin\theta/\tan\theta\right)\right)\left(\left(\cos\theta\tan\theta\right)/\left(\sin\theta/\cos\theta\right)\right)\right)/\left(\sin\theta/\tan\theta\right)$

$\left(\left(1/\cos\theta\right)\left(\sin\theta/\tan\theta\right)\right)/\left(\sin\theta/\tan\theta\right)$

$\left(\sec\theta\cos\theta\right)/\left(\sin\theta/\tan\theta\right)$

$1/\cos\theta$

$\sec\theta$

153

$(((1 + \cot^2\theta) - (\csc^2\theta - 1)) / ((\sin\theta / \tan\theta)(\sin\theta / \cos\theta)))(\cos\theta\tan\theta)$

$((\csc^2\theta - \cot^2\theta) / (\cos\theta\tan\theta))(\cos\theta\tan\theta)$

$(1 / \sin\theta)(\cos\theta\tan\theta)$

$\csc\theta\sin\theta$

1

154

$(((\sin^2\theta + \cos^2\theta) / (\cos\theta\tan\theta))((\sin\theta / \tan\theta)(\sin\theta / \cos\theta))) / (\sin\theta / \cos\theta)$

$((1 / \sin\theta)(\cos\theta\tan\theta)) / (\sin\theta / \cos\theta)$

$(\csc\theta\sin\theta) / (\sin\theta / \cos\theta)$

$1 / \tan\theta$

$\cot\theta$

155

$(((\sin^2\theta + \cos^2\theta) - (1 - \sin^2\theta)) + ((\sin^2\theta + \cos^2\theta) - (1 - \cos^2\theta))) - (1 - \sin^2\theta)$

$((1 - \cos^2\theta) + (1 - \sin^2\theta)) - (1 - \sin^2\theta)$

$(\sin^2\theta + \cos^2\theta) - (1 - \sin^2\theta)$

$1 - \cos^2\theta$

$\sin^2\theta$

156

$(((1/\cos\theta)(\sin\theta/\tan\theta))/((\cos\theta\tan\theta)/(\sin\theta/\cos\theta)))(\sin\theta/\tan\theta)$

$((\sec\theta\cos\theta)/(\sin\theta/\tan\theta))(\sin\theta/\tan\theta)$

$(1/\cos\theta)(\sin\theta/\tan\theta)$

$\sec\theta\cos\theta$

1

157

$(((\sec\theta\cos\theta) + (\csc^2\theta - 1)) - ((1 + \cot^2\theta) - (\sec\theta\cos\theta))) - (1 - \cos^2\theta)$

$((1 + \cot^2\theta) - (\csc^2\theta - 1)) - (1 - \cos^2\theta)$

$(\csc^2\theta - \cot^2\theta) - (1 - \cos^2\theta)$

$1 - \sin^2\theta$

$\cos^2\theta$

158

$(((\tan^2\theta + 1) - (\csc^2\theta - \cot^2\theta)) + ((1 - \cos^2\theta) + (1 - \sin^2\theta))) - (\sec^2\theta - 1)$

$((\sec^2\theta - 1) + (\sin^2\theta + \cos^2\theta)) - (\sec^2\theta - 1)$

$(\tan^2\theta + 1) - (\sec^2\theta - 1)$

$\sec^2\theta - \tan^2\theta$

1

159

$(((\csc^2\theta - \cot^2\theta) / (\cos\theta\tan\theta))((\sin\theta / \tan\theta)(\sin\theta / \cos\theta))) / (\sin\theta / \tan\theta)$

$((1 / \sin\theta)(\cos\theta\tan\theta)) / (\sin\theta / \tan\theta)$

$(\csc\theta\sin\theta) / (\sin\theta / \tan\theta)$

$1 / \cos\theta$

$\sec\theta$

160

$(((\tan^2\theta + 1) - (\sec^2\theta - \tan^2\theta)) + ((1 + \cot^2\theta) - (\csc^2\theta - 1))) - (\sec\theta\cos\theta)$

$((\sec^2\theta - 1) + (\csc^2\theta - \cot^2\theta)) - (\sec\theta\cos\theta)$

$(\tan^2\theta + 1) - (\sec\theta\cos\theta)$

$\sec^2\theta - 1$

$\tan^2\theta$

161

$(((\sec^2\theta - 1) + (\cot\theta\tan\theta)) - ((1 + \cot^2\theta) - (\csc^2\theta - 1))) + (\sin^2\theta + \cos^2\theta)$

$((\tan^2\theta + 1) - (\csc^2\theta - \cot^2\theta)) + (\sin^2\theta + \cos^2\theta)$

$(\sec^2\theta - 1) + (\sin^2\theta + \cos^2\theta)$

$\tan^2\theta + 1$

$\sec^2\theta$

162

$(((\cot\theta\tan\theta) / (\sin\theta / \cos\theta))((\cos\theta\tan\theta) / (\sin\theta / \tan\theta))) / (\sin\theta / \cos\theta)$

$((1 / \tan\theta)(\sin\theta / \cos\theta)) / (\sin\theta / \cos\theta)$

$(\cot\theta\tan\theta) / (\sin\theta / \cos\theta)$

$1 / \tan\theta$

$\cot\theta$

163

$(((1 - \cos^2\theta) + (1 - \sin^2\theta)) + ((1 + \cot^2\theta) - (\sec\theta\cos\theta))) - (\sec^2\theta - \tan^2\theta)$

$((\sin^2\theta + \cos^2\theta) + (\csc^2\theta - 1)) - (\sec^2\theta - \tan^2\theta)$

$(1 + \cot^2\theta) - (\sec^2\theta - \tan^2\theta)$

$\csc^2\theta - 1$

$\cot^2\theta$

164

$(((1 / \sin\theta)(\cos\theta\tan\theta)) / ((\sin\theta / \tan\theta)(\sin\theta / \cos\theta)))(\cos\theta\tan\theta)$

$((\csc\theta\sin\theta) / (\cos\theta\tan\theta))(\cos\theta\tan\theta)$

$(1 / \sin\theta)(\cos\theta\tan\theta)$

$\csc\theta\sin\theta$

1

165

$(((\tan^2\theta + 1) - (\sin^2\theta + \cos^2\theta)) + ((1 \ / \ \tan\theta)(\sin\theta / \cos\theta))) - (\cot\theta\tan\theta)$

$((\sec^2\theta - 1) + (\cot\theta\tan\theta)) - (\cot\theta\tan\theta)$

$(\tan^2\theta + 1) - (\cot\theta\tan\theta)$

$\sec^2\theta - 1$

$\tan^2\theta$

166

$(((\tan^2\theta + 1) - (\sin^2\theta + \cos^2\theta)) + ((1 + \cot^2\theta) - (\csc^2\theta - 1))) - (\csc\theta\sin\theta)$

$((\sec^2\theta - 1) + (\csc^2\theta - \cot^2\theta)) - (\csc\theta\sin\theta)$

$(\tan^2\theta + 1) - (\csc\theta\sin\theta)$

$\sec^2\theta - 1$

$\tan^2\theta$

167

$(((\cot\theta\tan\theta) - (1 - \sin^2\theta)) + ((\cot\theta\tan\theta) - (1 - \cos^2\theta))) / (\sin\theta / \tan\theta)$

$((1 - \cos^2\theta) + (1 - \sin^2\theta)) / (\sin\theta / \tan\theta)$

$(\sin^2\theta + \cos^2\theta) / (\sin\theta / \tan\theta)$

$1 / \cos\theta$

$\sec\theta$

168

$(((\sec^2\theta - 1) + (\sin^2\theta + \cos^2\theta)) - ((1 + \cot^2\theta) - (\csc^2\theta - 1))) + (\csc\theta\sin\theta)$

$((\tan^2\theta + 1) - (\csc^2\theta - \cot^2\theta)) + (\csc\theta\sin\theta)$

$(\sec^2\theta - 1) + (\csc\theta\sin\theta)$

$\tan^2\theta + 1$

$\sec^2\theta$

169

$(((\sec^2\theta - \tan^2\theta) - (1 - \sin^2\theta)) + ((\sec^2\theta - \tan^2\theta) - (1 - \cos^2\theta))) + (\csc^2\theta - 1)$

$((1 - \cos^2\theta) + (1 - \sin^2\theta)) + (\csc^2\theta - 1)$

$(\sin^2\theta + \cos^2\theta) + (\csc^2\theta - 1)$

$1 + \cot^2\theta$

$\csc^2\theta$

170

$(((\sin^2\theta + \cos^2\theta) + (\csc^2\theta - 1)) - ((1 \,/\, \tan\theta)(\sin\theta \,/\, \cos\theta))) - (1 + \cot^2\theta)$

$((1 + \cot^2\theta) - (\cot\theta\tan\theta)) - (1 + \cot^2\theta)$

$(\csc^2\theta - 1) - (1 + \cot^2\theta)$

$\csc^2\theta - \cot^2\theta$

-1

171

$(((\sec^2\theta - 1) + (\sec^2\theta - \tan^2\theta)) - ((1 + \cot^2\theta) - (\csc^2\theta - 1))) + (\cot\theta\tan\theta)$

$((\tan^2\theta + 1) - (\csc^2\theta - \cot^2\theta)) + (\cot\theta\tan\theta)$

$(\sec^2\theta - 1) + (\cot\theta\tan\theta)$

$\tan^2\theta + 1$

$\sec^2\theta$

172

$(((1 - \cos^2\theta) + (1 - \sin^2\theta)) - ((\csc\theta\sin\theta) - (1 - \cos^2\theta))) + (1 - \sin^2\theta)$

$((\sin^2\theta + \cos^2\theta) - (1 - \sin^2\theta)) + (1 - \sin^2\theta)$

$(1 - \cos^2\theta) + (1 - \sin^2\theta)$

$\sin^2\theta + \cos^2\theta$

1

173

$(((\sec\theta\cos\theta) + (\csc^2\theta - 1)) - ((1 \ / \ \tan\theta)(\sin\theta / \cos\theta))) - (1 + \cot^2\theta)$

$((1 + \cot^2\theta) - (\cot\theta\tan\theta)) - (1 + \cot^2\theta)$

$(\csc^2\theta - 1) - (1 + \cot^2\theta)$

$\csc^2\theta - \cot^2\theta$

-1

174

$(((\tan^2\theta + 1) - (\sin^2\theta + \cos^2\theta)) + ((1 + \cot^2\theta) - (\csc^2\theta - 1))) - (\sec^2\theta - \tan^2\theta)$

$((\sec^2\theta - 1) + (\csc^2\theta - \cot^2\theta)) - (\sec^2\theta - \tan^2\theta)$

$(\tan^2\theta + 1) - (\sec^2\theta - \tan^2\theta)$

$\sec^2\theta - 1$

$\tan^2\theta$

175

$(((\sec^2\theta - 1) + (\csc\theta\sin\theta)) - ((1 / \cos\theta)(\sin\theta / \tan\theta))) + (\csc^2\theta - \cot^2\theta)$

$((\tan^2\theta + 1) - (\sec\theta\cos\theta)) + (\csc^2\theta - \cot^2\theta)$

$(\sec^2\theta - 1) + (\csc^2\theta - \cot^2\theta)$

$\tan^2\theta + 1$

$\sec^2\theta$

176

$(((\cot\theta\tan\theta) / (\sin\theta / \tan\theta))((\cos\theta\tan\theta) / (\sin\theta / \cos\theta))) / (\cos\theta\tan\theta)$

$((1 / \cos\theta)(\sin\theta / \tan\theta)) / (\cos\theta\tan\theta)$

$(\sec\theta\cos\theta) / (\cos\theta\tan\theta)$

$1 / \sin\theta$

$\csc\theta$

177

$(((\cot\theta\tan\theta) / (\sin\theta / \tan\theta))((\cos\theta\tan\theta) / (\sin\theta / \cos\theta))) / (\sin\theta / \cos\theta)$

$((1 / \cos\theta)(\sin\theta / \tan\theta)) / (\sin\theta / \cos\theta)$

$(\sec\theta\cos\theta) / (\sin\theta / \cos\theta)$

$1 / \tan\theta$

$\cot\theta$

178

$(((\cot\theta\tan\theta) + (\csc^2\theta - 1)) - ((\tan^2\theta + 1) - (\sec^2\theta - 1))) - (1 + \cot^2\theta)$

$((1 + \cot^2\theta) - (\sec^2\theta - \tan^2\theta)) - (1 + \cot^2\theta)$

$(\csc^2\theta - 1) - (1 + \cot^2\theta)$

$\csc^2\theta - \cot^2\theta$

-1

179

$(((1 / \sin\theta)(\cos\theta\tan\theta)) + ((1 + \cot^2\theta) - (\csc^2\theta - \cot^2\theta))) - (\csc\theta\sin\theta)$

$((\csc\theta\sin\theta) + (\csc^2\theta - 1)) - (\csc\theta\sin\theta)$

$(1 + \cot^2\theta) - (\csc\theta\sin\theta)$

$\csc^2\theta - 1$

$\cot^2\theta$

180

$(((\tan^2\theta + 1) - (\cot\theta\tan\theta)) + ((1 / \tan\theta)(\sin\theta / \cos\theta))) - (\sec^2\theta - 1)$

$((\sec^2\theta - 1) + (\cot\theta\tan\theta)) - (\sec^2\theta - 1)$

$(\tan^2\theta + 1) - (\sec^2\theta - 1)$

$\sec^2\theta - \tan^2\theta$

1

181

$(((1 / \sin\theta)(\cos\theta\tan\theta)) - ((\sec\theta\cos\theta) - (1 - \cos^2\theta))) + (1 - \sin^2\theta)$

$((\csc\theta\sin\theta) - (1 - \sin^2\theta)) + (1 - \sin^2\theta)$

$(1 - \cos^2\theta) + (1 - \sin^2\theta)$

$\sin^2\theta + \cos^2\theta$

1

182

$(((1 + \cot^2\theta) - (\csc^2\theta - 1)) / ((\cos\theta\tan\theta) / (\sin\theta / \cos\theta)))(\sin\theta / \tan\theta)$

$((\csc^2\theta - \cot^2\theta) / (\sin\theta / \tan\theta))(\sin\theta / \tan\theta)$

$(1 / \cos\theta)(\sin\theta / \tan\theta)$

$\sec\theta\cos\theta$

1

183

$(((\sec\theta\cos\theta) / (\cos\theta\tan\theta))((\sin\theta / \tan\theta)(\sin\theta / \cos\theta))) - (1 - \cos^2\theta)$

$((1 / \sin\theta)(\cos\theta\tan\theta)) - (1 - \cos^2\theta)$

$(\csc\theta\sin\theta) - (1 - \cos^2\theta)$

$1 - \sin^2\theta$

$\cos^2\theta$

184

$(((1 / \tan\theta)(\sin\theta / \cos\theta)) / ((\sin\theta / \tan\theta)(\sin\theta / \cos\theta)))(\cos\theta\tan\theta)$

$((\cot\theta\tan\theta) / (\cos\theta\tan\theta))(\cos\theta\tan\theta)$

$(1 / \sin\theta)(\cos\theta\tan\theta)$

$\csc\theta\sin\theta$

1

185

$(((\sin^2\theta + \cos^2\theta) + (\csc^2\theta - 1)) - ((1 + \cot^2\theta) - (\sin^2\theta + \cos^2\theta))) - (1 - \sin^2\theta)$

$((1 + \cot^2\theta) - (\csc^2\theta - 1)) - (1 - \sin^2\theta)$

$(\csc^2\theta - \cot^2\theta) - (1 - \sin^2\theta)$

$1 - \cos^2\theta$

$\sin^2\theta$

186

$(((\sec^2\theta - 1) + (\cot\theta\tan\theta)) - ((\tan^2\theta + 1) - (\cot\theta\tan\theta))) - (1 - \sin^2\theta)$

$((\tan^2\theta + 1) - (\sec^2\theta - 1)) - (1 - \sin^2\theta)$

$(\sec^2\theta - \tan^2\theta) - (1 - \sin^2\theta)$

$1 - \cos^2\theta$

$\sin^2\theta$

187

$(((\csc\theta\sin\theta) / (\sin\theta / \tan\theta))((\cos\theta\tan\theta) / (\sin\theta / \cos\theta))) - (1 - \sin^2\theta)$

$((1 / \cos\theta)(\sin\theta / \tan\theta)) - (1 - \sin^2\theta)$

$(\sec\theta\cos\theta) - (1 - \sin^2\theta)$

$1 - \cos^2\theta$

$\sin^2\theta$

188

$(((1 + \cot^2\theta) - (\csc^2\theta - 1)) - ((\sin^2\theta + \cos^2\theta) - (1 - \cos^2\theta))) + (1 - \sin^2\theta)$

$((\csc^2\theta - \cot^2\theta) - (1 - \sin^2\theta)) + (1 - \sin^2\theta)$

$(1 - \cos^2\theta) + (1 - \sin^2\theta)$

$\sin^2\theta + \cos^2\theta$

1

189

$(((\sec^2\theta - 1) + (\sin^2\theta + \cos^2\theta)) - ((\tan^2\theta + 1) - (\sin^2\theta + \cos^2\theta))) - (1 - \sin^2\theta)$

$((\tan^2\theta + 1) - (\sec^2\theta - 1)) - (1 - \sin^2\theta)$

$(\sec^2\theta - \tan^2\theta) - (1 - \sin^2\theta)$

$1 - \cos^2\theta$

$\sin^2\theta$

190

$(((1 / \sin\theta)(\cos\theta\tan\theta)) + ((1 + \cot^2\theta) - (\csc\theta\sin\theta))) - (\cot\theta\tan\theta)$

$((\csc\theta\sin\theta) + (\csc^2\theta - 1)) - (\cot\theta\tan\theta)$

$(1 + \cot^2\theta) - (\cot\theta\tan\theta)$

$\csc^2\theta - 1$

$\cot^2\theta$

191

$(((\tan^2\theta + 1) - (\sec^2\theta - 1)) / ((\cos\theta\tan\theta) / (\sin\theta / \tan\theta)))(\sin\theta / \cos\theta)$

$((\sec^2\theta - \tan^2\theta) / (\sin\theta / \cos\theta))(\sin\theta / \cos\theta)$

$(1 / \tan\theta)(\sin\theta / \cos\theta)$

$\cot\theta\tan\theta$

1

192

$(((\tan^2\theta + 1) - (\csc^2\theta - \cot^2\theta)) + ((1 + \cot^2\theta) - (\csc^2\theta - 1))) - (\sec^2\theta - 1)$

$((\sec^2\theta - 1) + (\csc^2\theta - \cot^2\theta)) - (\sec^2\theta - 1)$

$(\tan^2\theta + 1) - (\sec^2\theta - 1)$

$\sec^2\theta - \tan^2\theta$

1

193

$(((\tan^2\theta + 1) - (\cot\theta\tan\theta)) + ((1 - \cos^2\theta) + (1 - \sin^2\theta))) - (\sec^2\theta - 1)$

$((\sec^2\theta - 1) + (\sin^2\theta + \cos^2\theta)) - (\sec^2\theta - 1)$

$(\tan^2\theta + 1) - (\sec^2\theta - 1)$

$\sec^2\theta - \tan^2\theta$

1

194

$(((\csc\theta\sin\theta) - (1 - \sin^2\theta)) + ((\csc\theta\sin\theta) - (1 - \cos^2\theta))) + (\csc^2\theta - 1)$

$((1 - \cos^2\theta) + (1 - \sin^2\theta)) + (\csc^2\theta - 1)$

$(\sin^2\theta + \cos^2\theta) + (\csc^2\theta - 1)$

$1 + \cot^2\theta$

$\csc^2\theta$

195

$(((\sec^2\theta - 1) + (\csc^2\theta - \cot^2\theta)) - ((1 / \tan\theta)(\sin\theta / \cos^2\theta))) + (\sec\theta\cos\theta)$

$((\tan^2\theta + 1) - (\cot\theta\tan\theta)) + (\sec\theta\cos\theta)$

$(\sec^2\theta - 1) + (\sec\theta\cos\theta)$

$\tan^2\theta + 1$

$\sec^2\theta$

196

$(((1 - \cos^2\theta) + (1 - \sin^2\theta)) - ((\sec^2\theta - \tan^2\theta) - (1 - \cos^2\theta))) + (1 - \sin^2\theta)$

$((\sin^2\theta + \cos^2\theta) - (1 - \sin^2\theta)) + (1 - \sin^2\theta)$

$(1 - \cos^2\theta) + (1 - \sin^2\theta)$

$\sin^2\theta + \cos^2\theta$

1

197

$(((\sec\theta\cos\theta) / (\cos\theta\tan\theta))((\sin\theta / \tan\theta)(\sin\theta / \cos\theta))) / (\sin\theta / \tan\theta)$

$((1 / \sin\theta)(\cos\theta\tan\theta)) / (\sin\theta / \tan\theta)$

$(\csc\theta\sin\theta) / (\sin\theta / \tan\theta)$

$1 / \cos\theta$

$\sec\theta$

198

$(((\tan^2\theta + 1) - (\sec\theta\cos\theta)) + ((1\ /\ \tan\theta)(\sin\theta\ /\ \cos\theta))) - (\sec^2\theta - 1)$

$((\sec^2\theta - 1) + (\cot\theta\tan\theta)) - (\sec^2\theta - 1)$

$(\tan^2\theta + 1) - (\sec^2\theta - 1)$

$\sec^2\theta - \tan^2\theta$

1

199

$(((\sec^2\theta - \tan^2\theta) + (\csc^2\theta - 1)) - ((1 + \cot^2\theta) - (\sec^2\theta - \tan^2\theta)))\ /\ (\sin\theta\ /\ \cos\theta)$

$((1 + \cot^2\theta) - (\csc^2\theta - 1))\ /\ (\sin\theta\ /\ \cos\theta)$

$(\csc^2\theta - \cot^2\theta)\ /\ (\sin\theta\ /\ \cos\theta)$

$1\ /\ \tan\theta$

$\cot\theta$

200

$(((\sin^2\theta\ + \cos^2\theta) + (\csc^2\theta - 1)) - ((1\ /\ \cos\theta)(\sin\theta\ /\ \tan\theta))) - (1 + \cot^2\theta)$

$((1 + \cot^2\theta) - (\sec\theta\cos\theta)) - (1 + \cot^2\theta)$

$(\csc^2\theta - 1) - (1 + \cot^2\theta)$

$\csc^2\theta - \cot^2\theta$

−1

201

$(((1 - \cos^2\theta) + (1 - \sin^2\theta)) + ((1 + \cot^2\theta) - (\csc^2\theta - \cot^2\theta))) - (\csc\theta\sin\theta)$

$((\sin^2\theta + \cos^2\theta) + (\csc^2\theta - 1)) - (\csc\theta\sin\theta)$

$(1 + \cot^2\theta) - (\csc\theta\sin\theta)$

$\csc^2\theta - 1$

$\cot^2\theta$

202

$(((\sec^2\theta - \tan^2\theta) + (\csc^2\theta - 1)) - ((\tan^2\theta + 1) - (\sec^2\theta - 1))) - (1 + \cot^2\theta)$

$((1 + \cot^2\theta) - (\sec^2\theta - \tan^2\theta)) - (1 + \cot^2\theta)$

$(\csc^2\theta - 1) - (1 + \cot^2\theta)$

$\csc^2\theta - \cot^2\theta$

-1

203

$(((\cot\theta\tan\theta) / (\cos\theta\tan\theta))((\sin\theta / \tan\theta)(\sin\theta / \cos\theta))) - (1 - \cos^2\theta)$

$((1 / \sin\theta)(\cos\theta\tan\theta)) - (1 - \cos^2\theta)$

$(\csc\theta\sin\theta) - (1 - \cos^2\theta)$

$1 - \sin^2\theta$

$\cos^2\theta$

204

$(((1 / \tan\theta)(\sin\theta / \cos\theta)) / ((\cos\theta\tan\theta) / (\sin\theta / \cos\theta)))(\sin\theta / \tan\theta)$

$((\cot\theta\tan\theta) / (\sin\theta / \tan\theta))(\sin\theta / \tan\theta)$

$(1 / \cos\theta)(\sin\theta / \tan\theta)$

$\sec\theta\cos\theta$

1

205

$(((\sec^2\theta - \tan^2\theta) / (\sin\theta / \cos\theta))((\cos\theta\tan\theta) / (\sin\theta / \tan\theta))) / (\sin\theta / \tan\theta)$

$((1 / \tan\theta)(\sin\theta / \cos\theta)) / (\sin\theta / \tan\theta)$

$(\cot\theta\tan\theta) / (\sin\theta / \tan\theta)$

$1 / \cos\theta$

$\sec\theta$

206

$(((1 + \cot^2\theta) - (\csc^2\theta - 1)) + ((1 + \cot^2\theta) - (\sin^2\theta + \cos^2\theta))) - (\cot\theta\tan\theta)$

$((\csc^2\theta - \cot^2\theta) + (\csc^2\theta - 1)) - (\cot\theta\tan\theta)$

$(1 + \cot^2\theta) - (\cot\theta\tan\theta)$

$\csc^2\theta - 1$

$\cot^2\theta$

207

$(((1/\cos\theta)(\sin\theta/\tan\theta)) - ((\csc^2\theta - \cot^2\theta) - (1 - \cos^2\theta))) + (1 - \sin^2\theta)$

$((\sec\theta\cos\theta) - (1 - \sin^2\theta)) + (1 - \sin^2\theta)$

$(1 - \cos^2\theta) + (1 - \sin^2\theta)$

$\sin^2\theta + \cos^2\theta$

1

208

$(((\sec^2\theta - \tan^2\theta) / (\sin\theta/\tan\theta))((\cos\theta\tan\theta)/(\sin\theta/\cos\theta))) / (\sin\theta/\tan\theta)$

$((1/\cos\theta)(\sin\theta/\tan\theta)) / (\sin\theta/\tan\theta)$

$(\sec\theta\cos\theta) / (\sin\theta/\tan\theta)$

$1/\cos\theta$

$\sec\theta$

209

$(((1/\tan\theta)(\sin\theta/\cos\theta)) - ((\cot\theta\tan\theta) - (1 - \cos^2\theta))) + (1 - \sin^2\theta)$

$((\cot\theta\tan\theta) - (1 - \sin^2\theta)) + (1 - \sin^2\theta)$

$(1 - \cos^2\theta) + (1 - \sin^2\theta)$

$\sin^2\theta + \cos^2\theta$

1

210

$(((1 - \cos^2\theta) + (1 - \sin^2\theta)) / ((\sin\theta / \tan\theta)(\sin\theta / \cos\theta)))(\cos\theta\tan\theta)$

$((\sin^2\theta + \cos^2\theta) / (\cos\theta\tan\theta))(\cos\theta\tan\theta)$

$(1 / \sin\theta)(\cos\theta\tan\theta)$

$\csc\theta\sin\theta$

1

211

$(((\sec^2\theta - 1) + (\sec\theta\cos\theta)) - ((\tan^2\theta + 1) - (\sec\theta\cos\theta))) / (\sin\theta / \cos\theta)$

$((\tan^2\theta + 1) - (\sec^2\theta - 1)) / (\sin\theta / \cos\theta)$

$(\sec^2\theta - \tan^2\theta) / (\sin\theta / \cos\theta)$

$1 / \tan\theta$

$\cot\theta$

212

$(((1 / \sin\theta)(\cos\theta\tan\theta)) / ((\cos\theta\tan\theta) / (\sin\theta / \cos\theta)))(\sin\theta / \tan\theta)$

$((\csc\theta\sin\theta) / (\sin\theta / \tan\theta))(\sin\theta / \tan\theta)$

$(1 / \cos\theta)(\sin\theta / \tan\theta)$

$\sec\theta\cos\theta$

1

213

$(((\sec^2θ - 1) + (\cotθ\tanθ)) - ((1 / \cosθ)(\sinθ / \tanθ))) + (\csc^2θ - \cot^2θ)$

$((\tan^2θ + 1) - (\secθ\cosθ)) + (\csc^2θ - \cot^2θ)$

$(\sec^2θ - 1) + (\csc^2θ - \cot^2θ)$

$\tan^2θ + 1$

$\sec^2θ$

214

$(((\csc^2θ - \cot^2θ) / (\cosθ\tanθ))((\sinθ / \tanθ)(\sinθ / \cosθ))) / (\sinθ / \cosθ)$

$((1 / \sinθ)(\cosθ\tanθ)) / (\sinθ / \cosθ)$

$(\cscθ\sinθ) / (\sinθ / \cosθ)$

$1 / \tanθ$

$\cotθ$

215

$(((\sin^2θ + \cos^2θ) / (\cosθ\tanθ))((\sinθ / \tanθ)(\sinθ / \cosθ))) / (\sinθ / \tanθ)$

$((1 / \sinθ)(\cosθ\tanθ)) / (\sinθ / \tanθ)$

$(\cscθ\sinθ) / (\sinθ / \tanθ)$

$1 / \cosθ$

$\secθ$

216

$(((\sec^2\theta - 1) + (\csc\theta\sin\theta)) - ((1 / \sin\theta)(\cos\theta\tan\theta))) + (\sec^2\theta - \tan^2\theta)$

$((\tan^2\theta + 1) - (\csc\theta\sin\theta)) + (\sec^2\theta - \tan^2\theta)$

$(\sec^2\theta - 1) + (\sec^2\theta - \tan^2\theta)$

$\tan^2\theta + 1$

$\sec^2\theta$

217

$(((1 / \tan\theta)(\sin\theta / \cos\theta)) + ((1 + \cot^2\theta) - (\csc\theta\sin\theta))) - (\sec^2\theta - \tan^2\theta)$

$((\cot\theta\tan\theta) + (\csc^2\theta - 1)) - (\sec^2\theta - \tan^2\theta)$

$(1 + \cot^2\theta) - (\sec^2\theta - \tan^2\theta)$

$\csc^2\theta - 1$

$\cot^2\theta$

218

$(((\tan^2\theta + 1) - (\sec^2\theta - 1)) - ((\sin^2\theta + \cos^2\theta) - (1 - \cos^2\theta))) + (1 - \sin^2\theta)$

$((\sec^2\theta - \tan^2\theta) - (1 - \sin^2\theta)) + (1 - \sin^2\theta)$

$(1 - \cos^2\theta) + (1 - \sin^2\theta)$

$\sin^2\theta + \cos^2\theta$

1

219

$(((\tan^2\theta + 1) - (\csc\theta\sin\theta)) + ((\tan^2\theta + 1) - (\sec^2\theta - 1))) - (\sec^2\theta - 1)$

$((\sec^2\theta - 1) + (\sec^2\theta - \tan^2\theta)) - (\sec^2\theta - 1)$

$(\tan^2\theta + 1) - (\sec^2\theta - 1)$

$\sec^2\theta - \tan^2\theta$

1

220

$(((\csc\theta\sin\theta) - (1 - \sin^2\theta)) + ((\csc\theta\sin\theta) - (1 - \cos^2\theta))) - (1 - \cos^2\theta)$

$((1 - \cos^2\theta) + (1 - \sin^2\theta)) - (1 - \cos^2\theta)$

$(\sin^2\theta + \cos^2\theta) - (1 - \cos^2\theta)$

$1 - \sin^2\theta$

$\cos^2\theta$

221

$(((\tan^2\theta + 1) - (\sec^2\theta - \tan^2\theta)) + ((1 / \tan\theta)(\sin\theta / \cos\theta))) - (\sec\theta\cos\theta)$

$((\sec^2\theta - 1) + (\cot\theta\tan\theta)) - (\sec\theta\cos\theta)$

$(\tan^2\theta + 1) - (\sec\theta\cos\theta)$

$\sec^2\theta - 1$

$\tan^2\theta$

222

$(((\csc\theta\sin\theta) + (\csc^2\theta - 1)) - ((1 + \cot^2\theta) - (\csc^2\theta - 1))) - (1 + \cot^2\theta)$

$((1 + \cot^2\theta) - (\csc^2\theta - \cot^2\theta)) - (1 + \cot^2\theta)$

$(\csc^2\theta - 1) - (1 + \cot^2\theta)$

$\csc^2\theta - \cot^2\theta$

-1

223

$(((1 + \cot^2\theta) - (\csc^2\theta - 1)) - ((\sec\theta\cos\theta) - (1 - \cos^2\theta))) + (1 - \sin^2\theta)$

$((\csc^2\theta - \cot^2\theta) - (1 - \sin^2\theta)) + (1 - \sin^2\theta)$

$(1 - \cos^2\theta) + (1 - \sin^2\theta)$

$\sin^2\theta + \cos^2\theta$

1

224

$(((1 - \cos^2\theta) + (1 - \sin^2\theta)) + ((1 + \cot^2\theta) - (\sin^2\theta + \cos^2\theta))) - (\csc^2\theta - \cot^2\theta)$

$((\sin^2\theta + \cos^2\theta) + (\csc^2\theta - 1)) - (\csc^2\theta - \cot^2\theta)$

$(1 + \cot^2\theta) - (\csc^2\theta - \cot^2\theta)$

$\csc^2\theta - 1$

$\cot^2\theta$

225

$(((\tan^2\theta + 1) - (\sec^2\theta - 1)) / ((\cos\theta\tan\theta) / (\sin\theta / \cos\theta)))(\sin\theta / \tan\theta)$

$((\sec^2\theta - \tan^2\theta) / (\sin\theta / \tan\theta))(\sin\theta / \tan\theta)$

$(1 / \cos\theta)(\sin\theta / \tan\theta)$

$\sec\theta\cos\theta$

1

226

$(((1 / \sin\theta)(\cos\theta\tan\theta)) / ((\cos\theta\tan\theta) / (\sin\theta / \tan\theta)))(\sin\theta / \cos\theta)$

$((\csc\theta\sin\theta) / (\sin\theta / \cos\theta))(\sin\theta / \cos\theta)$

$(1 / \tan\theta)(\sin\theta / \cos\theta)$

$\cot\theta\tan\theta$

1

227

$(((\tan^2\theta + 1) - (\sec^2\theta - 1)) - ((\cot\theta\tan\theta) - (1 - \cos^2\theta))) + (1 - \sin^2\theta\ )$

$((\sec^2\theta - \tan^2\theta) - (1 - \sin^2\theta\ )) + (1 - \sin^2\theta\ )$

$(1 - \cos^2\theta) + (1 - \sin^2\theta\ )$

$\sin^2\theta\ + \cos^2\theta$

1

228

$(((\sec^2\theta - 1) + (\csc^2\theta - \cot^2\theta)) - ((1 / \cos\theta)(\sin\theta / \tan\theta))) + (\csc^2\theta - \cot^2\theta)$

$((\tan^2\theta + 1) - (\sec\theta\cos\theta)) + (\csc^2\theta - \cot^2\theta)$

$(\sec^2\theta - 1) + (\csc^2\theta - \cot^2\theta)$

$\tan^2\theta + 1$

$\sec^2\theta$

229

$(((1 / \cos\theta)(\sin\theta / \tan\theta)) + ((1 + \cot^2\theta) - (\sin^2\theta + \cos^2\theta))) - (\csc^2\theta - \cot^2\theta)$

$((\sec\theta\cos\theta) + (\csc^2\theta - 1)) - (\csc^2\theta - \cot^2\theta)$

$(1 + \cot^2\theta) - (\csc^2\theta - \cot^2\theta)$

$\csc^2\theta - 1$

$\cot^2\theta$

230

$(((1 + \cot^2\theta) - (\csc^2\theta - 1)) + ((1 + \cot^2\theta) - (\sin^2\theta + \cos^2\theta))) - (\csc\theta\sin\theta)$

$((\csc^2\theta - \cot^2\theta) + (\csc^2\theta - 1)) - (\csc\theta\sin\theta)$

$(1 + \cot^2\theta) - (\csc\theta\sin\theta)$

$\csc^2\theta - 1$

$\cot^2\theta$

231

$(((\sin^2\theta + \cos^2\theta) + (\csc^2\theta - 1)) - ((1 / \sin\theta)(\cos\theta\tan\theta))) - (1 + \cot^2\theta)$

$((1 + \cot^2\theta) - (\csc\theta\sin\theta)) - (1 + \cot^2\theta)$

$(\csc^2\theta - 1) - (1 + \cot^2\theta)$

$\csc^2\theta - \cot^2\theta$

-1

232

$(((\sec^2\theta - 1) + (\csc\theta\sin\theta)) - ((1 - \cos^2\theta) + (1 - \sin^2\theta))) + (\csc^2\theta - \cot^2\theta)$

$((\tan^2\theta + 1) - (\sin^2\theta + \cos^2\theta)) + (\csc^2\theta - \cot^2\theta)$

$(\sec^2\theta - 1) + (\csc^2\theta - \cot^2\theta)$

$\tan^2\theta + 1$

$\sec^2\theta$

233

$(((\csc\theta\sin\theta) / (\sin\theta / \cos\theta))((\cos\theta\tan\theta) / (\sin\theta / \tan\theta))) / (\sin\theta / \cos\theta)$

$((1 / \tan\theta)(\sin\theta / \cos\theta)) / (\sin\theta / \cos\theta)$

$(\cot\theta\tan\theta) / (\sin\theta / \cos\theta)$

$1 / \tan\theta$

$\cot\theta$

234

$(((\sec^2\theta - 1) + (\csc\theta\sin\theta)) - ((1 / \cos\theta)(\sin\theta / \tan\theta))) + (\sin^2\theta + \cos^2\theta)$

$((\tan^2\theta + 1) - (\sec\theta\cos\theta)) + (\sin^2\theta + \cos^2\theta)$

$(\sec^2\theta - 1) + (\sin^2\theta + \cos^2\theta)$

$\tan^2\theta + 1$

$\sec^2\theta$

235

$(((1 + \cot^2\theta) - (\csc^2\theta - 1)) + ((1 + \cot^2\theta) - (\csc^2\theta - \cot^2\theta))) - (\sec^2\theta - \tan^2\theta)$

$((\csc^2\theta - \cot^2\theta) + (\csc^2\theta - 1)) - (\sec^2\theta - \tan^2\theta)$

$(1 + \cot^2\theta) - (\sec^2\theta - \tan^2\theta)$

$\csc^2\theta - 1$

$\cot^2\theta$

236

$(((1 - \cos^2\theta) + (1 - \sin^2\theta)) / ((\cos\theta\tan\theta) / (\sin\theta / \tan\theta)))(\sin\theta / \cos\theta)$

$((\sin^2\theta + \cos^2\theta) / (\sin\theta / \cos\theta))(\sin\theta / \cos\theta)$

$(1 / \tan\theta)(\sin\theta / \cos\theta)$

$\cot\theta\tan\theta$

1

237

$(((\tan^2\theta + 1) - (\cot\theta\tan\theta)) + ((1 - \cos^2\theta) + (1 - \sin^2\theta))) - (\csc^2\theta - \cot^2\theta)$

$((\sec^2\theta - 1) + (\sin^2\theta + \cos^2\theta)) - (\csc^2\theta - \cot^2\theta)$

$(\tan^2\theta + 1) - (\csc^2\theta - \cot^2\theta)$

$\sec^2\theta - 1$

$\tan^2\theta$

238

$(((\tan^2\theta + 1) - (\csc\theta\sin\theta)) + ((\tan^2\theta + 1) - (\sec^2\theta - 1))) - (\sec\theta\cos\theta)$

$((\sec^2\theta - 1) + (\sec^2\theta - \tan^2\theta)) - (\sec\theta\cos\theta)$

$(\tan^2\theta + 1) - (\sec\theta\cos\theta)$

$\sec^2\theta - 1$

$\tan^2\theta$

239

$(((\sin^2\theta + \cos^2\theta) - (1 - \sin^2\theta)) + ((\sin^2\theta + \cos^2\theta) - (1 - \cos^2\theta))) / (\sin\theta / \tan\theta)$

$((1 - \cos^2\theta) + (1 - \sin^2\theta)) / (\sin\theta / \tan\theta)$

$(\sin^2\theta + \cos^2\theta) / (\sin\theta / \tan\theta)$

$1 / \cos\theta$

$\sec\theta$

240

$(((\csc\theta\sin\theta) / (\sin\theta / \tan\theta))((\cos\theta\tan\theta) / (\sin\theta / \cos\theta))) / (\sin\theta / \cos\theta)$

$((1 / \cos\theta)(\sin\theta / \tan\theta)) / (\sin\theta / \cos\theta)$

$(\sec\theta\cos\theta) / (\sin\theta / \cos\theta)$

$1 / \tan\theta$

$\cot\theta$

241

$(((\sec^2\theta - 1) + (\sin^2\theta + \cos^2\theta)) - ((\tan^2\theta + 1) - (\sin^2\theta + \cos^2\theta))) / (\cos\theta\tan\theta)$

$((\tan^2\theta + 1) - (\sec^2\theta - 1)) / (\cos\theta\tan\theta)$

$(\sec^2\theta - \tan^2\theta) / (\cos\theta\tan\theta)$

$1 / \sin\theta$

$\csc\theta$

242

$(((\sec\theta\cos\theta) + (\csc^2\theta - 1)) - ((1 + \cot^2\theta) - (\sec\theta\cos\theta))) - (1 - \sin^2\theta)$

$((1 + \cot^2\theta) - (\csc^2\theta - 1)) - (1 - \sin^2\theta)$

$(\csc^2\theta - \cot^2\theta) - (1 - \sin^2\theta)$

$1 - \cos^2\theta$

$\sin^2\theta$

243

$(((\csc\theta\sin\theta) / (\sin\theta / \cos\theta))((\cos\theta\tan\theta) / (\sin\theta / \tan\theta))) - (1 - \sin^2\theta)$

$((1 / \tan\theta)(\sin\theta / \cos\theta)) - (1 - \sin^2\theta)$

$(\cot\theta\tan\theta) - (1 - \sin^2\theta)$

$1 - \cos^2\theta$

$\sin^2\theta$

244

$(((\sec^2\theta - 1) + (\cot\theta\tan\theta)) - ((\tan^2\theta + 1) - (\cot\theta\tan\theta))) / (\sin\theta / \cos\theta)$

$((\tan^2\theta + 1) - (\sec^2\theta - 1)) / (\sin\theta / \cos\theta)$

$(\sec^2\theta - \tan^2\theta) / (\sin\theta / \cos\theta)$

$1 / \tan\theta$

$\cot\theta$

245

$(((\sec^2\theta - \tan^2\theta) - (1 - \sin^2\theta)) + ((\sec^2\theta - \tan^2\theta) - (1 - \cos^2\theta))) - (1 - \cos^2\theta)$

$((1 - \cos^2\theta) + (1 - \sin^2\theta)) - (1 - \cos^2\theta)$

$(\sin^2\theta + \cos^2\theta) - (1 - \cos^2\theta)$

$1 - \sin^2\theta$

$\cos^2\theta$

246

$(((\sec\theta\cos\theta) - (1 - \sin^2\theta)) + ((\sec\theta\cos\theta) - (1 - \cos^2\theta))) - (1 - \cos^2\theta)$

$((1 - \cos^2\theta) + (1 - \sin^2\theta)) - (1 - \cos^2\theta)$

$(\sin^2\theta + \cos^2\theta) - (1 - \cos^2\theta)$

$1 - \sin^2\theta$

$\cos^2\theta$

247

$(((1 / \tan\theta)(\sin\theta / \cos\theta)) - ((\csc\theta\sin\theta) - (1 - \cos^2\theta))) + (1 - \sin^2\theta)$

$((\cot\theta\tan\theta) - (1 - \sin^2\theta)) + (1 - \sin^2\theta)$

$(1 - \cos^2\theta) + (1 - \sin^2\theta)$

$\sin^2\theta + \cos^2\theta$

1

248

$(((\cot\theta\tan\theta) / (\sin\theta / \tan\theta))((\cos\theta\tan\theta) / (\sin\theta / \cos\theta))) - (1 - \cos^2\theta)$

$((1 / \cos\theta)(\sin\theta / \tan\theta)) - (1 - \cos^2\theta)$

$(\sec\theta\cos\theta) - (1 - \cos^2\theta)$

$1 - \sin^2\theta$

$\cos^2\theta$

249

$(((1 - \cos^2\theta) + (1 - \sin^2\theta)) - ((\csc^2\theta - \cot^2\theta) - (1 - \cos^2\theta))) + (1 - \sin^2\theta)$

$((\sin^2\theta + \cos^2\theta) - (1 - \sin^2\theta)) + (1 - \sin^2\theta)$

$(1 - \cos^2\theta) + (1 - \sin^2\theta)$

$\sin^2\theta + \cos^2\theta$

1

250

$(((1 + \cot^2\theta) - (\csc^2\theta - 1)) + ((1 + \cot^2\theta) - (\csc\theta\sin\theta))) - (\sec^2\theta - \tan^2\theta)$

$((\csc^2\theta - \cot^2\theta) + (\csc^2\theta - 1)) - (\sec^2\theta - \tan^2\theta)$

$(1 + \cot^2\theta) - (\sec^2\theta - \tan^2\theta)$

$\csc^2\theta - 1$

$\cot^2\theta$

251

$(((\sec^2\theta - 1) + (\sec^2\theta - \tan^2\theta)) - ((1 / \sin\theta)(\cos\theta\tan\theta))) + (\csc^2\theta - \cot^2\theta)$

$((\tan^2\theta + 1) - (\csc\theta\sin\theta)) + (\csc^2\theta - \cot^2\theta)$

$(\sec^2\theta - 1) + (\csc^2\theta - \cot^2\theta)$

$\tan^2\theta + 1$

$\sec^2\theta$

252

$(((\sec\theta\cos\theta) / (\sin\theta / \cos\theta))((\cos\theta\tan\theta) / (\sin\theta / \tan\theta))) / (\cos\theta\tan\theta)$

$((1 / \tan\theta)(\sin\theta / \cos\theta)) / (\cos\theta\tan\theta)$

$(\cot\theta\tan\theta) / (\cos\theta\tan\theta)$

$1 / \sin\theta$

$\csc\theta$

253

$(((\tan^2\theta + 1) - (\sin^2\theta + \cos^2\theta)) + ((1 / \sin\theta)(\cos\theta\tan\theta))) - (\cot\theta\tan\theta)$

$((\sec^2\theta - 1) + (\csc\theta\sin\theta)) - (\cot\theta\tan\theta)$

$(\tan^2\theta + 1) - (\cot\theta\tan\theta)$

$\sec^2\theta - 1$

$\tan^2\theta$

254

$(((1 / \sin\theta)(\cos\theta\tan\theta)) + ((1 + \cot^2\theta) - (\cot\theta\tan\theta))) - (\sin^2\theta + \cos^2\theta)$

$((\csc\theta\sin\theta) + (\csc^2\theta - 1)) - (\sin^2\theta + \cos^2\theta)$

$(1 + \cot^2\theta) - (\sin^2\theta + \cos^2\theta)$

$\csc^2\theta - 1$

$\cot^2\theta$

255

$(((1 - \cos^2\theta) + (1 - \sin^2\theta)) + ((1 + \cot^2\theta) - (\csc^2\theta - \cot^2\theta))) - (\cot\theta\tan\theta)$

$((\sin^2\theta + \cos^2\theta) + (\csc^2\theta - 1)) - (\cot\theta\tan\theta)$

$(1 + \cot^2\theta) - (\cot\theta\tan\theta)$

$\csc^2\theta - 1$

$\cot^2\theta$

256

$(((\sec\theta\cos\theta) - (1 - \sin^2\theta)) + ((\sec\theta\cos\theta) - (1 - \cos^2\theta))) + (\csc^2\theta - 1)$

$((1 - \cos^2\theta) + (1 - \sin^2\theta)) + (\csc^2\theta - 1)$

$(\sin^2\theta + \cos^2\theta) + (\csc^2\theta - 1)$

$1 + \cot^2\theta$

$\csc^2\theta$

257

$(((\tan^2\theta + 1) - (\sec^2\theta - 1)) + ((1 + \cot^2\theta) - (\csc^2\theta - \cot^2\theta))) - (\sec\theta\cos\theta)$

$((\sec^2\theta - \tan^2\theta) + (\csc^2\theta - 1)) - (\sec\theta\cos\theta)$

$(1 + \cot^2\theta) - (\sec\theta\cos\theta)$

$\csc^2\theta - 1$

$\cot^2\theta$

258

$(((\cot\theta\tan\theta) + (\csc^2\theta - 1)) - ((1 + \cot^2\theta) - (\cot\theta\tan\theta))) - (1 - \cos^2\theta)$

$((1 + \cot^2\theta) - (\csc^2\theta - 1)) - (1 - \cos^2\theta)$

$(\csc^2\theta - \cot^2\theta) - (1 - \cos^2\theta)$

$1 - \sin^2\theta$

$\cos^2\theta$

259

$(((\sec^2\theta - 1) + (\csc^2\theta - \cot^2\theta)) - ((1/\sin\theta)(\cos\theta\tan\theta))) + (\sec\theta\cos\theta)$

$((\tan^2\theta + 1) - (\csc\theta\sin\theta)) + (\sec\theta\cos\theta)$

$(\sec^2\theta - 1) + (\sec\theta\cos\theta)$

$\tan^2\theta + 1$

$\sec^2\theta$

260

$(((\sec^2\theta - 1) + (\sin^2\theta + \cos^2\theta)) - ((\tan^2\theta + 1) - (\sin^2\theta + \cos^2\theta))) - (1 - \cos^2\theta)$

$((\tan^2\theta + 1) - (\sec^2\theta - 1)) - (1 - \cos^2\theta)$

$(\sec^2\theta - \tan^2\theta) - (1 - \cos^2\theta)$

$1 - \sin^2\theta$

$\cos^2\theta$

261

$(((\tan^2θ + 1) - (\sin^2θ + \cos^2θ)) + ((1 - \cos^2θ) + (1 - \sin^2θ))) - (\sec^2θ - 1)$

$((\sec^2θ - 1) + (\sin^2θ + \cos^2θ)) - (\sec^2θ - 1)$

$(\tan^2θ + 1) - (\sec^2θ - 1)$

$\sec^2θ - \tan^2θ$

1

262

$(((1 / \tanθ)(\sinθ / \cosθ)) / ((\cosθ\tanθ) / (\sinθ / \tanθ)))(\sinθ / \cosθ)$

$((\cotθ\tanθ) / (\sinθ / \cosθ))(\sinθ / \cosθ)$

$(1 / \tanθ)(\sinθ / \cosθ)$

$\cotθ\tanθ$

1

263

$(((\csc^2θ - \cot^2θ) / (\sinθ / \cosθ))((\cosθ\tanθ) / (\sinθ / \tanθ))) / (\sinθ / \tanθ)$

$((1 / \tanθ)(\sinθ / \cosθ)) / (\sinθ / \tanθ)$

$(\cotθ\tanθ) / (\sinθ / \tanθ)$

$1 / \cosθ$

$\secθ$

264

$(((\sec^2\theta - 1) + (\csc^2\theta - \cot^2\theta)) - ((\tan^2\theta + 1) - (\sec^2\theta - 1))) + (\cot\theta\tan\theta)$

$((\tan^2\theta + 1) - (\sec^2\theta - \tan^2\theta)) + (\cot\theta\tan\theta)$

$(\sec^2\theta - 1) + (\cot\theta\tan\theta)$

$\tan^2\theta + 1$

$\sec^2\theta$

265

$(((1 / \cos\theta)(\sin\theta / \tan\theta)) + ((1 + \cot^2\theta) - (\cot\theta\tan\theta))) - (\sec\theta\cos\theta)$

$((\sec\theta\cos\theta) + (\csc^2\theta - 1)) - (\sec\theta\cos\theta)$

$(1 + \cot^2\theta) - (\sec\theta\cos\theta)$

$\csc^2\theta - 1$

$\cot^2\theta$

266

$(((\cot\theta\tan\theta) - (1 - \sin^2\theta)) + ((\cot\theta\tan\theta) - (1 - \cos^2\theta))) - (1 - \cos^2\theta)$

$((1 - \cos^2\theta) + (1 - \sin^2\theta)) - (1 - \cos^2\theta)$

$(\sin^2\theta + \cos^2\theta) - (1 - \cos^2\theta)$

$1 - \sin^2\theta$

$\cos^2\theta$

267

$(((\sin^2\theta + \cos^2\theta) + (\csc^2\theta - 1)) - ((1 + \cot^2\theta) - (\sin^2\theta + \cos^2\theta))) / (\sin\theta / \tan\theta)$

$((1 + \cot^2\theta) - (\csc^2\theta - 1)) / (\sin\theta / \tan\theta)$

$(\csc^2\theta - \cot^2\theta) / (\sin\theta / \tan\theta)$

$1 / \cos\theta$

$\sec\theta$

268

$(((\sec^2\theta - 1) + (\cot\theta\tan\theta)) - ((\tan^2\theta + 1) - (\sec^2\theta - 1))) + (\sin^2\theta + \cos^2\theta)$

$((\tan^2\theta + 1) - (\sec^2\theta - \tan^2\theta)) + (\sin^2\theta + \cos^2\theta)$

$(\sec^2\theta - 1) + (\sin^2\theta + \cos^2\theta)$

$\tan^2\theta + 1$

$\sec^2\theta$

269

$(((\sin^2\theta + \cos^2\theta) / (\sin\theta / \tan\theta))((\cos\theta\tan\theta) / (\sin\theta / \cos\theta))) / (\cos\theta\tan\theta)$

$((1 / \cos\theta)(\sin\theta / \tan\theta)) / (\cos\theta\tan\theta)$

$(\sec\theta\cos\theta) / (\cos\theta\tan\theta)$

$1 / \sin\theta$

$\csc\theta$

270

$(((\tan^2\theta + 1) - (\sin^2\theta + \cos^2\theta)) + ((1 / \sin\theta)(\cos\theta\tan\theta))) - (\csc^2\theta - \cot^2\theta)$

$((\sec^2\theta - 1) + (\csc\theta\sin\theta)) - (\csc^2\theta - \cot^2\theta)$

$(\tan^2\theta + 1) - (\csc^2\theta - \cot^2\theta)$

$\sec^2\theta - 1$

$\tan^2\theta$

271

$(((\sec^2\theta - 1) + (\sec\theta\cos\theta)) - ((\tan^2\theta + 1) - (\sec\theta\cos\theta))) + (\csc^2\theta - 1)$

$((\tan^2\theta + 1) - (\sec^2\theta - 1)) + (\csc^2\theta - 1)$

$(\sec^2\theta - \tan^2\theta) + (\csc^2\theta - 1)$

$1 + \cot^2\theta$

$\csc^2\theta$

272

$(((1 / \cos\theta)(\sin\theta / \tan\theta)) / ((\sin\theta / \tan\theta)(\sin\theta / \cos\theta)))(\cos\theta\tan\theta)$

$((\sec\theta\cos\theta) / (\cos\theta\tan\theta))(\cos\theta\tan\theta)$

$(1 / \sin\theta)(\cos\theta\tan\theta)$

$\csc\theta\sin\theta$

1

273

$(((\sec\theta\cos\theta) / (\sin\theta / \tan\theta))((\cos\theta\tan\theta) / (\sin\theta / \cos\theta))) / (\sin\theta / \cos\theta)$

$((1 / \cos\theta)(\sin\theta / \tan\theta)) / (\sin\theta / \cos\theta)$

$(\sec\theta\cos\theta) / (\sin\theta / \cos\theta)$

$1 / \tan\theta$

$\cot\theta$

274

$(((\tan^2\theta + 1) - (\sec^2\theta - 1)) / ((\sin\theta / \tan\theta)(\sin\theta / \cos\theta)))(\cos\theta\tan\theta)$

$((\sec^2\theta - \tan^2\theta) / (\cos\theta\tan\theta))(\cos\theta\tan\theta)$

$(1 / \sin\theta)(\cos\theta\tan\theta)$

$\csc\theta\sin\theta$

1

275

$(((1 - \cos^2\theta) + (1 - \sin^2\theta)) + ((1 + \cot^2\theta) - (\sec^2\theta - \tan^2\theta))) - (\sec\theta\cos\theta)$

$((\sin^2\theta + \cos^2\theta) + (\csc^2\theta - 1)) - (\sec\theta\cos\theta)$

$(1 + \cot^2\theta) - (\sec\theta\cos\theta)$

$\csc^2\theta - 1$

$\cot^2\theta$

276

$(((\tan^2\theta + 1) - (\cot\theta\tan\theta)) + ((1/\sin\theta)(\cos\theta\tan\theta))) - (\sec^2\theta - \tan^2\theta)$

$((\sec^2\theta - 1) + (\csc\theta\sin\theta)) - (\sec^2\theta - \tan^2\theta)$

$(\tan^2\theta + 1) - (\sec^2\theta - \tan^2\theta)$

$\sec^2\theta - 1$

$\tan^2\theta$

277

$(((\sec\theta\cos\theta)/(\cos\theta\tan\theta))((\sin\theta/\tan\theta)(\sin\theta/\cos\theta)))/(\cos\theta\tan\theta)$

$((1/\sin\theta)(\cos\theta\tan\theta))/(\cos\theta\tan\theta)$

$(\csc\theta\sin\theta)/(\cos\theta\tan\theta)$

$1/\sin\theta$

$\csc\theta$

278

$(((\sec\theta\cos\theta) + (\csc^2\theta - 1)) - ((1 + \cot^2\theta) - (\sec\theta\cos\theta)))/(\cos\theta\tan\theta)$

$((1 + \cot^2\theta) - (\csc^2\theta - 1))/(\cos\theta\tan\theta)$

$(\csc^2\theta - \cot^2\theta)/(\cos\theta\tan\theta)$

$1/\sin\theta$

$\csc\theta$

279

$(((\sec^2\theta - 1) + (\sec\theta\cos\theta)) - ((\tan^2\theta + 1) - (\sec\theta\cos\theta))) / (\sin\theta / \tan\theta)$

$((\tan^2\theta + 1) - (\sec^2\theta - 1)) / (\sin\theta / \tan\theta)$

$(\sec^2\theta - \tan^2\theta) / (\sin\theta / \tan\theta)$

$1 / \cos\theta$

$\sec\theta$

280

$(((\sec^2\theta - \tan^2\theta) / (\sin\theta / \tan\theta))((\cos\theta\tan\theta) / (\sin\theta / \cos\theta))) / (\sin\theta / \cos\theta)$

$((1 / \cos\theta)(\sin\theta / \tan\theta)) / (\sin\theta / \cos\theta)$

$(\sec\theta\cos\theta) / (\sin\theta / \cos\theta)$

$1 / \tan\theta$

$\cot\theta$

281

$(((\sec^2\theta - 1) + (\sec\theta\cos\theta)) - ((1 / \tan\theta)(\sin\theta / \cos\theta))) + (\sec^2\theta - \tan^2\theta)$

$((\tan^2\theta + 1) - (\cot\theta\tan\theta)) + (\sec^2\theta - \tan^2\theta)$

$(\sec^2\theta - 1) + (\sec^2\theta - \tan^2\theta)$

$\tan^2\theta + 1$

$\sec^2\theta$

282

$(((\sin^2\theta + \cos^2\theta) / (\sin\theta / \cos\theta))((\cos\theta\tan\theta) / (\sin\theta / \tan\theta))) / (\sin\theta / \tan\theta)$

$((1 / \tan\theta)(\sin\theta / \cos\theta)) / (\sin\theta / \tan\theta)$

$(\cot\theta\tan\theta) / (\sin\theta / \tan\theta)$

$1 / \cos\theta$

$\sec\theta$

283

$(((1 - \cos^2\theta) + (1 - \sin^2\theta)) - ((\sin^2\theta + \cos^2\theta) - (1 - \cos^2\theta))) + (1 - \sin^2\theta)$

$((\sin^2\theta + \cos^2\theta) - (1 - \sin^2\theta)) + (1 - \sin^2\theta)$

$(1 - \cos^2\theta) + (1 - \sin^2\theta)$

$\sin^2\theta + \cos^2\theta$

1

284

$(((\cot\theta\tan\theta) + (\csc^2\theta - 1)) - ((1 + \cot^2\theta) - (\cot\theta\tan\theta))) / (\sin\theta / \cos\theta)$

$((1 + \cot^2\theta) - (\csc^2\theta - 1)) / (\sin\theta / \cos\theta)$

$(\csc^2\theta - \cot^2\theta) / (\sin\theta / \cos\theta)$

$1 / \tan\theta$

$\cot\theta$

285

$(((\sec^2\theta - \tan^2\theta) - (1 - \sin^2\theta)) + ((\sec^2\theta - \tan^2\theta) - (1 - \cos^2\theta))) / (\sin\theta / \tan\theta)$

$((1 - \cos^2\theta) + (1 - \sin^2\theta)) / (\sin\theta / \tan\theta)$

$(\sin^2\theta + \cos^2\theta) / (\sin\theta / \tan\theta)$

$1 / \cos\theta$

$\sec\theta$

286

$(((\sec^2\theta - \tan^2\theta) / (\cos\theta\tan\theta))((\sin\theta / \tan\theta)(\sin\theta / \cos\theta))) - (1 - \cos^2\theta)$

$((1 / \sin\theta)(\cos\theta\tan\theta)) - (1 - \cos^2\theta)$

$(\csc\theta\sin\theta) - (1 - \cos^2\theta)$

$1 - \sin^2\theta$

$\cos^2\theta$

287

$(((\tan^2\theta + 1) - (\sec^2\theta - 1)) - ((\csc\theta\sin\theta) - (1 - \cos^2\theta))) + (1 - \sin^2\theta)$

$((\sec^2\theta - \tan^2\theta) - (1 - \sin^2\theta)) + (1 - \sin^2\theta)$

$(1 - \cos^2\theta) + (1 - \sin^2\theta)$

$\sin^2\theta + \cos^2\theta$

1

288

$(((\sec^2\theta - \tan^2\theta) / (\sin\theta / \tan\theta))((\cos\theta\tan\theta) / (\sin\theta / \cos\theta))) - (1 - \sin^2\theta)$

$((1 / \cos\theta)(\sin\theta / \tan\theta)) - (1 - \sin^2\theta)$

$(\sec\theta\cos\theta) - (1 - \sin^2\theta)$

$1 - \cos^2\theta$

$\sin^2\theta$

289

$(((1 / \cos\theta)(\sin\theta / \tan\theta)) - ((\sec\theta\cos\theta) - (1 - \cos^2\theta))) + (1 - \sin^2\theta)$

$((\sec\theta\cos\theta) - (1 - \sin^2\theta)) + (1 - \sin^2\theta)$

$(1 - \cos^2\theta) + (1 - \sin^2\theta)$

$\sin^2\theta + \cos^2\theta$

1

290

$(((\tan^2\theta + 1) - (\csc^2\theta - \cot^2\theta)) + ((1 / \tan\theta)(\sin\theta / \cos\theta))) - (\csc\theta\sin\theta)$

$((\sec^2\theta - 1) + (\cot\theta\tan\theta)) - (\csc\theta\sin\theta)$

$(\tan^2\theta + 1) - (\csc\theta\sin\theta)$

$\sec^2\theta - 1$

$\tan^2\theta$

291

$(((1/\cos\theta)(\sin\theta/\tan\theta)) + ((1 + \cot^2\theta) - (\csc^2\theta - \cot^2\theta))) - (\csc\theta\sin\theta)$

$((\sec\theta\cos\theta) + (\csc^2\theta - 1)) - (\csc\theta\sin\theta)$

$(1 + \cot^2\theta) - (\csc\theta\sin\theta)$

$\csc^2\theta - 1$

$\cot^2\theta$

292

$(((\sec^2\theta - 1) + (\cot\theta\tan\theta)) - ((\tan^2\theta + 1) - (\sec^2\theta - 1))) + (\csc\theta\sin\theta)$

$((\tan^2\theta + 1) - (\sec^2\theta - \tan^2\theta)) + (\csc\theta\sin\theta)$

$(\sec^2\theta - 1) + (\csc\theta\sin\theta)$

$\tan^2\theta + 1$

$\sec^2\theta$

293

$(((1/\sin\theta)(\cos\theta\tan\theta)) + ((1 + \cot^2\theta) - (\sin^2\theta + \cos^2\theta))) - (\sin^2\theta + \cos^2\theta)$

$((\csc\theta\sin\theta) + (\csc^2\theta - 1)) - (\sin^2\theta + \cos^2\theta)$

$(1 + \cot^2\theta) - (\sin^2\theta + \cos^2\theta)$

$\csc^2\theta - 1$

$\cot^2\theta$

294

$(((1/\sin\theta)(\cos\theta\tan\theta)) - ((\sin^2\theta + \cos^2\theta) - (1 - \cos^2\theta))) + (1 - \sin^2\theta)$

$((\csc\theta\sin\theta) - (1 - \sin^2\theta)) + (1 - \sin^2\theta)$

$(1 - \cos^2\theta) + (1 - \sin^2\theta)$

$\sin^2\theta + \cos^2\theta$

1

295

$(((\tan^2\theta + 1) - (\csc^2\theta - \cot^2\theta)) + ((1/\cos\theta)(\sin\theta/\tan\theta))) - (\sec^2\theta - 1)$

$((\sec^2\theta - 1) + (\sec\theta\cos\theta)) - (\sec^2\theta - 1)$

$(\tan^2\theta + 1) - (\sec^2\theta - 1)$

$\sec^2\theta - \tan^2\theta$

1

296

$(((\tan^2\theta + 1) - (\cot\theta\tan\theta)) + ((1 - \cos^2\theta) + (1 - \sin^2\theta))) - (\sec^2\theta - \tan^2\theta)$

$((\sec^2\theta - 1) + (\sin^2\theta + \cos^2\theta)) - (\sec^2\theta - \tan^2\theta)$

$(\tan^2\theta + 1) - (\sec^2\theta - \tan^2\theta)$

$\sec^2\theta - 1$

$\tan^2\theta$

297

$(((\sec^2\theta - 1) + (\sec\theta\cos\theta)) - ((1 / \sin\theta)(\cos\theta\tan\theta))) + (\sec^2\theta - \tan^2\theta)$

$((\tan^2\theta + 1) - (\csc\theta\sin\theta)) + (\sec^2\theta - \tan^2\theta)$

$(\sec^2\theta - 1) + (\sec^2\theta - \tan^2\theta)$

$\tan^2\theta + 1$

$\sec^2\theta$

298

$(((\csc^2\theta - \cot^2\theta) + (\csc^2\theta - 1)) - ((1 / \cos\theta)(\sin\theta / \tan\theta))) - (1 + \cot^2\theta)$

$((1 + \cot^2\theta) - (\sec\theta\cos\theta)) - (1 + \cot^2\theta)$

$(\csc^2\theta - 1) - (1 + \cot^2\theta)$

$\csc^2\theta - \cot^2\theta$

-1

299

$(((1 / \cos\theta)(\sin\theta / \tan\theta)) + ((1 + \cot^2\theta) - (\sec^2\theta - \tan^2\theta))) - (\sec\theta\cos\theta)$

$((\sec\theta\cos\theta) + (\csc^2\theta - 1)) - (\sec\theta\cos\theta)$

$(1 + \cot^2\theta) - (\sec\theta\cos\theta)$

$\csc^2\theta - 1$

$\cot^2\theta$

300

$(((1 + \cot^2\theta) - (\csc^2\theta - 1)) + ((1 + \cot^2\theta) - (\csc\theta\sin\theta))) - (\csc\theta\sin\theta)$

$((\csc^2\theta - \cot^2\theta) + (\csc^2\theta - 1)) - (\csc\theta\sin\theta)$

$(1 + \cot^2\theta) - (\csc\theta\sin\theta)$

$\csc^2\theta - 1$

$\cot^2\theta$

301

$(((\tan^2\theta + 1) - (\cot\theta\tan\theta)) + ((1 / \sin\theta)(\cos\theta\tan\theta))) - (\cot\theta\tan\theta)$

$((\sec^2\theta - 1) + (\csc\theta\sin\theta)) - (\cot\theta\tan\theta)$

$(\tan^2\theta + 1) - (\cot\theta\tan\theta)$

$\sec^2\theta - 1$

$\tan^2\theta$

302

$(((\sec\theta\cos\theta) / (\cos\theta\tan\theta))((\sin\theta / \tan\theta)(\sin\theta / \cos\theta))) + (\csc^2\theta - 1)$

$((1 / \sin\theta)(\cos\theta\tan\theta)) + (\csc^2\theta - 1)$

$(\csc\theta\sin\theta) + (\csc^2\theta - 1)$

$1 + \cot^2\theta$

$\csc^2\theta$

303

$(((\tan^2\theta + 1) - (\sec\theta\cos\theta)) + ((1 + \cot^2\theta) - (\csc^2\theta - 1))) - (\sin^2\theta + \cos^2\theta)$

$((\sec^2\theta - 1) + (\csc^2\theta - \cot^2\theta)) - (\sin^2\theta + \cos^2\theta)$

$(\tan^2\theta + 1) - (\sin^2\theta + \cos^2\theta)$

$\sec^2\theta - 1$

$\tan^2\theta$

304

$(((\sec^2\theta - 1) + (\csc^2\theta - \cot^2\theta)) - ((1 - \cos^2\theta) + (1 - \sin^2\theta))) + (\csc^2\theta - \cot^2\theta)$

$((\tan^2\theta + 1) - (\sin^2\theta + \cos^2\theta)) + (\csc^2\theta - \cot^2\theta)$

$(\sec^2\theta - 1) + (\csc^2\theta - \cot^2\theta)$

$\tan^2\theta + 1$

$\sec^2\theta$

305

$(((1 / \tan\theta)(\sin\theta / \cos\theta)) + ((1 + \cot^2\theta) - (\csc\theta\sin\theta))) - (\csc^2\theta - \cot^2\theta)$

$((\cot\theta\tan\theta) + (\csc^2\theta - 1)) - (\csc^2\theta - \cot^2\theta)$

$(1 + \cot^2\theta) - (\csc^2\theta - \cot^2\theta)$

$\csc^2\theta - 1$

$\cot^2\theta$

306

$(((\csc\theta\sin\theta) / (\cos\theta\tan\theta))((\sin\theta / \tan\theta)(\sin\theta / \cos\theta))) - (1 - \sin^2\theta)$

$((1 / \sin\theta)(\cos\theta\tan\theta)) - (1 - \sin^2\theta)$

$(\csc\theta\sin\theta) - (1 - \sin^2\theta)$

$1 - \cos^2\theta$

$\sin^2\theta$

307

$(((\sec^2\theta - 1) + (\sec^2\theta - \tan^2\theta)) - ((1 + \cot^2\theta) - (\csc^2\theta - 1))) + (\sec\theta\cos\theta)$

$((\tan^2\theta + 1) - (\csc^2\theta - \cot^2\theta)) + (\sec\theta\cos\theta)$

$(\sec^2\theta - 1) + (\sec\theta\cos\theta)$

$\tan^2\theta + 1$

$\sec^2\theta$

308

$(((\cot\theta\tan\theta) + (\csc^2\theta - 1)) - ((1 + \cot^2\theta) - (\cot\theta\tan\theta))) + (\csc^2\theta - 1)$

$((1 + \cot^2\theta) - (\csc^2\theta - 1)) + (\csc^2\theta - 1)$

$(\csc^2\theta - \cot^2\theta) + (\csc^2\theta - 1)$

$1 + \cot^2\theta$

$\csc^2\theta$

309

$(((\cot\theta\tan\theta) / (\cos\theta\tan\theta))((\sin\theta / \tan\theta)(\sin\theta / \cos\theta))) / (\sin\theta / \cos\theta)$

$((1 / \sin\theta)(\cos\theta\tan\theta)) / (\sin\theta / \cos\theta)$

$(\csc\theta\sin\theta) / (\sin\theta / \cos\theta)$

$1 / \tan\theta$

$\cot\theta$

310

$(((1 / \cos\theta)(\sin\theta / \tan\theta)) + ((1 + \cot^2\theta) - (\sec^2\theta - \tan^2\theta))) - (\csc^2\theta - \cot^2\theta)$

$((\sec\theta\cos\theta) + (\csc^2\theta - 1)) - (\csc^2\theta - \cot^2\theta)$

$(1 + \cot^2\theta) - (\csc^2\theta - \cot^2\theta)$

$\csc^2\theta - 1$

$\cot^2\theta$

311

$(((\sec^2\theta - \tan^2\theta) / (\sin\theta / \tan\theta))((\cos\theta\tan\theta) / (\sin\theta / \cos\theta))) - (1 - \cos^2\theta)$

$((1 / \cos\theta)(\sin\theta / \tan\theta)) - (1 - \cos^2\theta)$

$(\sec\theta\cos\theta) - (1 - \cos^2\theta)$

$1 - \sin^2\theta$

$\cos^2\theta$

312

$(((\sec^2\theta - 1) + (\sin^2\theta + \cos^2\theta)) - ((\tan^2\theta + 1) - (\sin^2\theta + \cos^2\theta))) / (\sin\theta / \tan\theta)$

$((\tan^2\theta + 1) - (\sec^2\theta - 1)) / (\sin\theta / \tan\theta)$

$(\sec^2\theta - \tan^2\theta) / (\sin\theta / \tan\theta)$

$1 / \cos\theta$

$\sec\theta$

313

$(((\cot\theta\tan\theta) / (\sin\theta / \tan\theta))((\cos\theta\tan\theta) / (\sin\theta / \cos\theta))) / (\sin\theta / \tan\theta)$

$((1 / \cos\theta)(\sin\theta / \tan\theta)) / (\sin\theta / \tan\theta)$

$(\sec\theta\cos\theta) / (\sin\theta / \tan\theta)$

$1 / \cos\theta$

$\sec\theta$

314

$(((\sec\theta\cos\theta) + (\csc^2\theta - 1)) - ((1 - \cos^2\theta) + (1 - \sin^2\theta))) - (1 + \cot^2\theta)$

$((1 + \cot^2\theta) - (\sin^2\theta + \cos^2\theta)) - (1 + \cot^2\theta)$

$(\csc^2\theta - 1) - (1 + \cot^2\theta)$

$\csc^2\theta - \cot^2\theta$

-1

315

$(((\sec^2\theta - \tan^2\theta) / (\sin\theta / \tan\theta))((\cos\theta\tan\theta) / (\sin\theta / \cos\theta))) / (\cos\theta\tan\theta)$

$((1 / \cos\theta)(\sin\theta / \tan\theta)) / (\cos\theta\tan\theta)$

$(\sec\theta\cos\theta) / (\cos\theta\tan\theta)$

$1 / \sin\theta$

$\csc\theta$

316

$(((1 - \cos^2\theta) + (1 - \sin^2\theta)) + ((1 + \cot^2\theta) - (\sin^2\theta + \cos^2\theta))) - (\sec\theta\cos\theta)$

$((\sin^2\theta + \cos^2\theta) + (\csc^2\theta - 1)) - (\sec\theta\cos\theta)$

$(1 + \cot^2\theta) - (\sec\theta\cos\theta)$

$\csc^2\theta - 1$

$\cot^2\theta$

317

$(((1 / \tan\theta)(\sin\theta / \cos\theta)) - ((\sec\theta\cos\theta) - (1 - \cos^2\theta))) + (1 - \sin^2\theta)$

$((\cot\theta\tan\theta) - (1 - \sin^2\theta)) + (1 - \sin^2\theta)$

$(1 - \cos^2\theta) + (1 - \sin^2\theta)$

$\sin^2\theta + \cos^2\theta$

1

318

$(((\csc^2\theta - \cot^2\theta) / (\sin\theta / \tan\theta))((\cos\theta\tan\theta) / (\sin\theta / \cos\theta))) - (1 - \sin^2\theta)$

$((1 / \cos\theta)(\sin\theta / \tan\theta)) - (1 - \sin^2\theta)$

$(\sec\theta\cos\theta) - (1 - \sin^2\theta)$

$1 - \cos^2\theta$

$\sin^2\theta$

319

$(((\sec\theta\cos\theta) - (1 - \sin^2\theta)) + ((\sec\theta\cos\theta) - (1 - \cos^2\theta))) / (\sin\theta / \tan\theta)$

$((1 - \cos^2\theta) + (1 - \sin^2\theta)) / (\sin\theta / \tan\theta)$

$(\sin^2\theta + \cos^2\theta) / (\sin\theta / \tan\theta)$

$1 / \cos\theta$

$\sec\theta$

320

$(((1 / \cos\theta)(\sin\theta / \tan\theta)) - ((\sec^2\theta - \tan^2\theta) - (1 - \cos^2\theta))) + (1 - \sin^2\theta)$

$((\sec\theta\cos\theta) - (1 - \sin^2\theta)) + (1 - \sin^2\theta)$

$(1 - \cos^2\theta) + (1 - \sin^2\theta)$

$\sin^2\theta + \cos^2\theta$

1

321

$(((\tan^2\theta + 1) - (\sec^2\theta - \tan^2\theta)) + ((1 / \cos\theta)(\sin\theta / \tan\theta))) - (\sec^2\theta - 1)$

$((\sec^2\theta - 1) + (\sec\theta\cos\theta)) - (\sec^2\theta - 1)$

$(\tan^2\theta + 1) - (\sec^2\theta - 1)$

$\sec^2\theta - \tan^2\theta$

1

322

$(((\sec^2\theta - 1) + (\csc\theta\sin\theta)) - ((\tan^2\theta + 1) - (\csc\theta\sin\theta))) / (\sin\theta / \tan\theta)$

$((\tan^2\theta + 1) - (\sec^2\theta - 1)) / (\sin\theta / \tan\theta)$

$(\sec^2\theta - \tan^2\theta) / (\sin\theta / \tan\theta)$

$1 / \cos\theta$

$\sec\theta$

323

$(((\tan^2\theta + 1) - (\csc^2\theta - \cot^2\theta)) + ((1 / \cos\theta)(\sin\theta / \tan\theta))) - (\sin^2\theta + \cos^2\theta)$

$((\sec^2\theta - 1) + (\sec\theta\cos\theta)) - (\sin^2\theta + \cos^2\theta)$

$(\tan^2\theta + 1) - (\sin^2\theta + \cos^2\theta)$

$\sec^2\theta - 1$

$\tan^2\theta$

324

$(((\csc^2\theta - \cot^2\theta) + (\csc^2\theta - 1)) - ((1 + \cot^2\theta) - (\csc^2\theta - \cot^2\theta))) - (1 - \sin^2\theta)$

$((1 + \cot^2\theta) - (\csc^2\theta - 1)) - (1 - \sin^2\theta)$

$(\csc^2\theta - \cot^2\theta) - (1 - \sin^2\theta)$

$1 - \cos^2\theta$

$\sin^2\theta$

325

$(((\sec\theta\cos\theta) / (\sin\theta / \tan\theta))((\cos\theta\tan\theta) / (\sin\theta / \cos\theta))) / (\cos\theta\tan\theta)$

$((1 / \cos\theta)(\sin\theta / \tan\theta)) / (\cos\theta\tan\theta)$

$(\sec\theta\cos\theta) / (\cos\theta\tan\theta)$

$1 / \sin\theta$

$\csc\theta$

326

$(((1 / \sin\theta)(\cos\theta\tan\theta)) - ((\cot\theta\tan\theta) - (1 - \cos^2\theta))) + (1 - \sin^2\theta)$

$((\csc\theta\sin\theta) - (1 - \sin^2\theta)) + (1 - \sin^2\theta)$

$(1 - \cos^2\theta) + (1 - \sin^2\theta)$

$\sin^2\theta + \cos^2\theta$

1

327

$(((1/\cos\theta)(\sin\theta/\tan\theta)) - ((\sin^2\theta + \cos^2\theta) - (1 - \cos^2\theta))) + (1 - \sin^2\theta)$

$((\sec\theta\cos\theta) - (1 - \sin^2\theta)) + (1 - \sin^2\theta)$

$(1 - \cos^2\theta) + (1 - \sin^2\theta)$

$\sin^2\theta + \cos^2\theta$

1

328

$(((\tan^2\theta + 1) - (\cot\theta\tan\theta)) + ((1/\sin\theta)(\cos\theta\tan\theta))) - (\sec^2\theta - 1)$

$((\sec^2\theta - 1) + (\csc\theta\sin\theta)) - (\sec^2\theta - 1)$

$(\tan^2\theta + 1) - (\sec^2\theta - 1)$

$\sec^2\theta - \tan^2\theta$

1

329

$(((\csc^2\theta - \cot^2\theta) - (1 - \sin^2\theta)) + ((\csc^2\theta - \cot^2\theta) - (1 - \cos^2\theta))) / (\cos\theta\tan\theta)$

$((1 - \cos^2\theta) + (1 - \sin^2\theta)) / (\cos\theta\tan\theta)$

$(\sin^2\theta + \cos^2\theta) / (\cos\theta\tan\theta)$

$1/\sin\theta$

$\csc\theta$

330

$(((\sec^2\theta - 1) + (\sin^2\theta + \cos^2\theta)) - ((\tan^2\theta + 1) - (\sin^2\theta + \cos^2\theta))) + (\csc^2\theta - 1)$

$((\tan^2\theta + 1) - (\sec^2\theta - 1)) + (\csc^2\theta - 1)$

$(\sec^2\theta - \tan^2\theta) + (\csc^2\theta - 1)$

$1 + \cot^2\theta$

$\csc^2\theta$

331

$(((\tan^2\theta + 1) - (\sec^2\theta - 1)) + ((1 + \cot^2\theta) - (\csc\theta\sin\theta))) - (\cot\theta\tan\theta)$

$((\sec^2\theta - \tan^2\theta) + (\csc^2\theta - 1)) - (\cot\theta\tan\theta)$

$(1 + \cot^2\theta) - (\cot\theta\tan\theta)$

$\csc^2\theta - 1$

$\cot^2\theta$

332

$(((\tan^2\theta + 1) - (\csc\theta\sin\theta)) + ((1 / \sin\theta)(\cos\theta\tan\theta))) - (\sec^2\theta - 1)$

$((\sec^2\theta - 1) + (\csc\theta\sin\theta)) - (\sec^2\theta - 1)$

$(\tan^2\theta + 1) - (\sec^2\theta - 1)$

$\sec^2\theta - \tan^2\theta$

1

333

$(((\tan^2\theta + 1) - (\sin^2\theta + \cos^2\theta)) + ((1 + \cot^2\theta) - (\csc^2\theta - 1))) - (\sec^2\theta - 1)$

$((\sec^2\theta - 1) + (\csc^2\theta - \cot^2\theta)) - (\sec^2\theta - 1)$

$(\tan^2\theta + 1) - (\sec^2\theta - 1)$

$\sec^2\theta - \tan^2\theta$

1

334

$(((\tan^2\theta + 1) - (\sec^2\theta - 1)) + ((1 + \cot^2\theta) - (\cot\theta\tan\theta))) - (\sec\theta\cos\theta)$

$((\sec^2\theta - \tan^2\theta) + (\csc^2\theta - 1)) - (\sec\theta\cos\theta)$

$(1 + \cot^2\theta) - (\sec\theta\cos\theta)$

$\csc^2\theta - 1$

$\cot^2\theta$

335

$(((\csc^2\theta - \cot^2\theta) / (\sin\theta / \tan\theta))((\cos\theta\tan\theta) / (\sin\theta / \cos\theta))) + (\csc^2\theta - 1)$

$((1 / \cos\theta)(\sin\theta / \tan\theta)) + (\csc^2\theta - 1)$

$(\sec\theta\cos\theta) + (\csc^2\theta - 1)$

$1 + \cot^2\theta$

$\csc^2\theta$

336

$(((\sec^2\theta - 1) + (\sin^2\theta + \cos^2\theta)) - ((1/\cos\theta)(\sin\theta/\tan\theta))) + (\csc\theta\sin\theta)$

$((\tan^2\theta + 1) - (\sec\theta\cos\theta)) + (\csc\theta\sin\theta)$

$(\sec^2\theta - 1) + (\csc\theta\sin\theta)$

$\tan^2\theta + 1$

$\sec^2\theta$

337

$(((\cot\theta\tan\theta) - (1 - \sin^2\theta)) + ((\cot\theta\tan\theta) - (1 - \cos^2\theta))) / (\sin\theta/\cos\theta)$

$((1 - \cos^2\theta) + (1 - \sin^2\theta)) / (\sin\theta/\cos\theta)$

$(\sin^2\theta + \cos^2\theta) / (\sin\theta/\cos\theta)$

$1 / \tan\theta$

$\cot\theta$

338

$(((\tan^2\theta + 1) - (\cot\theta\tan\theta)) + ((1/\cos\theta)(\sin\theta/\tan\theta))) - (\sec^2\theta - 1)$

$((\sec^2\theta - 1) + (\sec\theta\cos\theta)) - (\sec^2\theta - 1)$

$(\tan^2\theta + 1) - (\sec^2\theta - 1)$

$\sec^2\theta - \tan^2\theta$

1

339

$(((\sec^2\theta - 1) + (\sec\theta\cos\theta)) - ((1 / \tan\theta)(\sin\theta / \cos\theta))) + (\sin^2\theta + \cos^2\theta)$

$((\tan^2\theta + 1) - (\cot\theta\tan\theta)) + (\sin^2\theta + \cos^2\theta)$

$(\sec^2\theta - 1) + (\sin^2\theta + \cos^2\theta)$

$\tan^2\theta + 1$

$\sec^2\theta$

340

$(((\tan^2\theta + 1) - (\sec^2\theta - 1)) + ((1 + \cot^2\theta) - (\csc\theta\sin\theta))) - (\csc\theta\sin\theta)$

$((\sec^2\theta - \tan^2\theta) + (\csc^2\theta - 1)) - (\csc\theta\sin\theta)$

$(1 + \cot^2\theta) - (\csc\theta\sin\theta)$

$\csc^2\theta - 1$

$\cot^2\theta$

341

$(((\tan^2\theta + 1) - (\csc^2\theta - \cot^2\theta)) + ((1 - \cos^2\theta) + (1 - \sin^2\theta))) - (\csc\theta\sin\theta)$

$((\sec^2\theta - 1) + (\sin^2\theta + \cos^2\theta)) - (\csc\theta\sin\theta)$

$(\tan^2\theta + 1) - (\csc\theta\sin\theta)$

$\sec^2\theta - 1$

$\tan^2\theta$

342

$(((\sec^2\theta - \tan^2\theta) / (\cos\theta\tan\theta))((\sin\theta / \tan\theta)(\sin\theta / \cos\theta))) / (\sin\theta / \tan\theta)$

$((1 / \sin\theta)(\cos\theta\tan\theta)) / (\sin\theta / \tan\theta)$

$(\csc\theta\sin\theta) / (\sin\theta / \tan\theta)$

$1 / \cos\theta$

$\sec\theta$

343

$(((\tan^2\theta + 1) - (\csc\theta\sin\theta)) + ((1 - \cos^2\theta) + (1 - \sin^2\theta))) - (\cot\theta\tan\theta)$

$((\sec^2\theta - 1) + (\sin^2\theta + \cos^2\theta)) - (\cot\theta\tan\theta)$

$(\tan^2\theta + 1) - (\cot\theta\tan\theta)$

$\sec^2\theta - 1$

$\tan^2\theta$

344

$(((\csc\theta\sin\theta) + (\csc^2\theta - 1)) - ((1 / \sin\theta)(\cos\theta\tan\theta))) - (1 + \cot^2\theta)$

$((1 + \cot^2\theta) - (\csc\theta\sin\theta)) - (1 + \cot^2\theta)$

$(\csc^2\theta - 1) - (1 + \cot^2\theta)$

$\csc^2\theta - \cot^2\theta$

-1

345

$(((\tan^2\theta + 1) - (\csc\theta\sin\theta)) + ((1 - \cos^2\theta) + (1 - \sin^2\theta))) - (\sec^2\theta - 1)$

$((\sec^2\theta - 1) + (\sin^2\theta + \cos^2\theta)) - (\sec^2\theta - 1)$

$(\tan^2\theta + 1) - (\sec^2\theta - 1)$

$\sec^2\theta - \tan^2\theta$

1

346

$(((\csc^2\theta - \cot^2\theta) - (1 - \sin^2\theta)) + ((\csc^2\theta - \cot^2\theta) - (1 - \cos^2\theta))) - (1 - \sin^2\theta)$

$((1 - \cos^2\theta) + (1 - \sin^2\theta)) - (1 - \sin^2\theta)$

$(\sin^2\theta + \cos^2\theta) - (1 - \sin^2\theta)$

$1 - \cos^2\theta$

$\sin^2\theta$

347

$(((1 / \tan\theta)(\sin\theta / \cos\theta)) - ((\sec^2\theta - \tan^2\theta) - (1 - \cos^2\theta))) + (1 - \sin^2\theta)$

$((\cot\theta\tan\theta) - (1 - \sin^2\theta)) + (1 - \sin^2\theta)$

$(1 - \cos^2\theta) + (1 - \sin^2\theta)$

$\sin^2\theta + \cos^2\theta$

1

348

$(((\sec^2\theta - \tan^2\theta) / (\sin\theta / \cos\theta))((\cos\theta\tan\theta) / (\sin\theta / \tan\theta))) + (\csc^2\theta - 1)$

$((1 / \tan\theta)(\sin\theta / \cos\theta)) + (\csc^2\theta - 1)$

$(\cot\theta\tan\theta) + (\csc^2\theta - 1)$

$1 + \cot^2\theta$

$\csc^2\theta$

349

$(((\sec\theta\cos\theta) - (1 - \sin^2\theta)) + ((\sec\theta\cos\theta) - (1 - \cos^2\theta))) / (\cos\theta\tan\theta)$

$((1 - \cos^2\theta) + (1 - \sin^2\theta)) / (\cos\theta\tan\theta)$

$(\sin^2\theta + \cos^2\theta) / (\cos\theta\tan\theta)$

$1 / \sin\theta$

$\csc\theta$

350

$(((\csc^2\theta - \cot^2\theta) / (\sin\theta / \cos\theta))((\cos\theta\tan\theta) / (\sin\theta / \tan\theta))) - (1 - \sin^2\theta)$

$((1 / \tan\theta)(\sin\theta / \cos\theta)) - (1 - \sin^2\theta)$

$(\cot\theta\tan\theta) - (1 - \sin^2\theta)$

$1 - \cos^2\theta$

$\sin^2\theta$

351

$(((\csc\theta\sin\theta) / (\cos\theta\tan\theta))((\sin\theta / \tan\theta)(\sin\theta / \cos\theta))) - (1 - \cos^2\theta)$

$((1 / \sin\theta)(\cos\theta\tan\theta)) - (1 - \cos^2\theta)$

$(\csc\theta\sin\theta) - (1 - \cos^2\theta)$

$1 - \sin^2\theta$

$\cos^2\theta$

352

$(((\csc\theta\sin\theta) / (\cos\theta\tan\theta))((\sin\theta / \tan\theta)(\sin\theta / \cos\theta))) / (\cos\theta\tan\theta)$

$((1 / \sin\theta)(\cos\theta\tan\theta)) / (\cos\theta\tan\theta)$

$(\csc\theta\sin\theta) / (\cos\theta\tan\theta)$

$1 / \sin\theta$

$\csc\theta$

353

$(((\sec^2\theta - 1) + (\sec\theta\cos\theta)) - ((\tan^2\theta + 1) - (\sec\theta\cos\theta))) - (1 - \sin^2\theta)$

$((\tan^2\theta + 1) - (\sec^2\theta - 1)) - (1 - \sin^2\theta)$

$(\sec^2\theta - \tan^2\theta) - (1 - \sin^2\theta)$

$1 - \cos^2\theta$

$\sin^2\theta$

354

$(((\sec^2\theta - 1) + (\sec\theta\cos\theta)) - ((1 + \cot^2\theta) - (\csc^2\theta - 1))) + (\csc^2\theta - \cot^2\theta)$

$((\tan^2\theta + 1) - (\csc^2\theta - \cot^2\theta)) + (\csc^2\theta - \cot^2\theta)$

$(\sec^2\theta - 1) + (\csc^2\theta - \cot^2\theta)$

$\tan^2\theta + 1$

$\sec^2\theta$

355

$(((\cot\theta\tan\theta) + (\csc^2\theta - 1)) - ((1 + \cot^2\theta) - (\cot\theta\tan\theta))) / (\sin\theta / \tan\theta)$

$((1 + \cot^2\theta) - (\csc^2\theta - 1)) / (\sin\theta / \tan\theta)$

$(\csc^2\theta - \cot^2\theta) / (\sin\theta / \tan\theta)$

$1 / \cos\theta$

$\sec\theta$

356

$(((\tan^2\theta + 1) - (\sin^2\theta + \cos^2\theta)) + ((1 / \tan\theta)(\sin\theta / \cos\theta))) - (\csc^2\theta - \cot^2\theta)$

$((\sec^2\theta - 1) + (\cot\theta\tan\theta)) - (\csc^2\theta - \cot^2\theta)$

$(\tan^2\theta + 1) - (\csc^2\theta - \cot^2\theta)$

$\sec^2\theta - 1$

$\tan^2\theta$

357

$(((\csc^2\theta - \cot^2\theta) + (\csc^2\theta - 1)) - ((1 + \cot^2\theta) - (\csc^2\theta - \cot^2\theta))) + (\csc^2\theta - 1)$

$((1 + \cot^2\theta) - (\csc^2\theta - 1)) + (\csc^2\theta - 1)$

$(\csc^2\theta - \cot^2\theta) + (\csc^2\theta - 1)$

$1 + \cot^2\theta$

$\csc^2\theta$

358

$(((\sec^2\theta - 1) + (\sin^2\theta + \cos^2\theta)) - ((\tan^2\theta + 1) - (\sec^2\theta - 1))) + (\sin^2\theta + \cos^2\theta)$

$((\tan^2\theta + 1) - (\sec^2\theta - \tan^2\theta)) + (\sin^2\theta + \cos^2\theta)$

$(\sec^2\theta - 1) + (\sin^2\theta + \cos^2\theta)$

$\tan^2\theta + 1$

$\sec^2\theta$

359

$(((\sec^2\theta - 1) + (\csc\theta\sin\theta)) - ((\tan^2\theta + 1) - (\csc\theta\sin\theta))) / (\sin\theta / \cos\theta)$

$((\tan^2\theta + 1) - (\sec^2\theta - 1)) / (\sin\theta / \cos\theta)$

$(\sec^2\theta - \tan^2\theta) / (\sin\theta / \cos\theta)$

$1 / \tan\theta$

$\cot\theta$

360

$(((\csc^2θ - \cot^2θ) / (\cosθ\tanθ))((\sinθ / \tanθ)(\sinθ / \cosθ))) + (\csc^2θ - 1)$

$((1 / \sinθ)(\cosθ\tanθ)) + (\csc^2θ - 1)$

$(\cscθ\sinθ) + (\csc^2θ - 1)$

$1 + \cot^2θ$

$\csc^2θ$

361

$(((\sec^2θ - 1) + (\cotθ\tanθ)) - ((\tan^2θ + 1) - (\cotθ\tanθ))) + (\csc^2θ - 1)$

$((\tan^2θ + 1) - (\sec^2θ - 1)) + (\csc^2θ - 1)$

$(\sec^2θ - \tan^2θ) + (\csc^2θ - 1)$

$1 + \cot^2θ$

$\csc^2θ$

362

$(((\sec^2θ - \tan^2θ) / (\sinθ / \cosθ))((\cosθ\tanθ) / (\sinθ / \tanθ))) / (\sinθ / \cosθ)$

$((1 / \tanθ)(\sinθ / \cosθ)) / (\sinθ / \cosθ)$

$(\cotθ\tanθ) / (\sinθ / \cosθ)$

$1 / \tanθ$

$\cotθ$

363

$(((\sec\theta\cos\theta) + (\csc^2\theta - 1)) - ((\tan^2\theta + 1) - (\sec^2\theta - 1))) - (1 + \cot^2\theta)$

$((1 + \cot^2\theta) - (\sec^2\theta - \tan^2\theta)) - (1 + \cot^2\theta)$

$(\csc^2\theta - 1) - (1 + \cot^2\theta)$

$\csc^2\theta - \cot^2\theta$

-1

364

$(((\tan^2\theta + 1) - (\sec\theta\cos\theta)) + ((1 / \tan\theta)(\sin\theta / \cos\theta))) - (\csc^2\theta - \cot^2\theta)$

$((\sec^2\theta - 1) + (\cot\theta\tan\theta)) - (\csc^2\theta - \cot^2\theta)$

$(\tan^2\theta + 1) - (\csc^2\theta - \cot^2\theta)$

$\sec^2\theta - 1$

$\tan^2\theta$

365

$(((\tan^2\theta + 1) - (\sec^2\theta - \tan^2\theta)) + ((1 / \cos\theta)(\sin\theta / \tan\theta))) - (\sec\theta\cos\theta)$

$((\sec^2\theta - 1) + (\sec\theta\cos\theta)) - (\sec\theta\cos\theta)$

$(\tan^2\theta + 1) - (\sec\theta\cos\theta)$

$\sec^2\theta - 1$

$\tan^2\theta$

366

$(((\sec^2\theta - 1) + (\sec^2\theta - \tan^2\theta)) - ((1 \:/\: \tan\theta)(\sin\theta \:/\: \cos\theta))) + (\sec\theta\cos\theta)$

$((\tan^2\theta + 1) - (\cot\theta\tan\theta)) + (\sec\theta\cos\theta)$

$(\sec^2\theta - 1) + (\sec\theta\cos\theta)$

$\tan^2\theta + 1$

$\sec^2\theta$

367

$(((\csc\theta\sin\theta) + (\csc^2\theta - 1)) - ((1 + \cot^2\theta) - (\csc\theta\sin\theta))) + (\csc^2\theta - 1)$

$((1 + \cot^2\theta) - (\csc^2\theta - 1)) + (\csc^2\theta - 1)$

$(\csc^2\theta - \cot^2\theta) + (\csc^2\theta - 1)$

$1 + \cot^2\theta$

$\csc^2\theta$

368

$(((1 + \cot^2\theta) - (\csc^2\theta - 1)) + ((1 + \cot^2\theta) - (\cot\theta\tan\theta))) - (\csc^2\theta - \cot^2\theta)$

$((\csc^2\theta - \cot^2\theta) + (\csc^2\theta - 1)) - (\csc^2\theta - \cot^2\theta)$

$(1 + \cot^2\theta) - (\csc^2\theta - \cot^2\theta)$

$\csc^2\theta - 1$

$\cot^2\theta$

369

$(((\tan^2\theta + 1) - (\sec^2\theta - 1)) + ((1 + \cot^2\theta) - (\sin^2\theta + \cos^2\theta))) - (\csc^2\theta - \cot^2\theta)$

$((\sec^2\theta - \tan^2\theta) + (\csc^2\theta - 1)) - (\csc^2\theta - \cot^2\theta)$

$(1 + \cot^2\theta) - (\csc^2\theta - \cot^2\theta)$

$\csc^2\theta - 1$

$\cot^2\theta$

370

$(((\sin^2\theta + \cos^2\theta) / (\sin\theta / \tan\theta))((\cos\theta\tan\theta) / (\sin\theta / \cos\theta))) / (\sin\theta / \tan\theta)$

$((1 / \cos\theta)(\sin\theta / \tan\theta)) / (\sin\theta / \tan\theta)$

$(\sec\theta\cos\theta) / (\sin\theta / \tan\theta)$

$1 / \cos\theta$

$\sec\theta$

371

$(((\csc^2\theta - \cot^2\theta) + (\csc^2\theta - 1)) - ((1 - \cos^2\theta) + (1 - \sin^2\theta))) - (1 + \cot^2\theta)$

$((1 + \cot^2\theta) - (\sin^2\theta + \cos^2\theta)) - (1 + \cot^2\theta)$

$(\csc^2\theta - 1) - (1 + \cot^2\theta)$

$\csc^2\theta - \cot^2\theta$

-1

372

$(((\tan^2\theta + 1) - (\sec^2\theta - 1)) + ((1 + \cot^2\theta) - (\cot\theta\tan\theta))) - (\sec^2\theta - \tan^2\theta)$

$((\sec^2\theta - \tan^2\theta) + (\csc^2\theta - 1)) - (\sec^2\theta - \tan^2\theta)$

$(1 + \cot^2\theta) - (\sec^2\theta - \tan^2\theta)$

$\csc^2\theta - 1$

$\cot^2\theta$

373

$(((\cot\theta\tan\theta) / (\cos\theta\tan\theta))((\sin\theta / \tan\theta)(\sin\theta / \cos\theta))) + (\csc^2\theta - 1)$

$((1 / \sin\theta)(\cos\theta\tan\theta)) + (\csc^2\theta - 1)$

$(\csc\theta\sin\theta) + (\csc^2\theta - 1)$

$1 + \cot^2\theta$

$\csc^2\theta$

374

$(((1 + \cot^2\theta) - (\csc^2\theta - 1)) - ((\sec^2\theta - \tan^2\theta) - (1 - \cos^2\theta))) + (1 - \sin^2\theta)$

$((\csc^2\theta - \cot^2\theta) - (1 - \sin^2\theta)) + (1 - \sin^2\theta)$

$(1 - \cos^2\theta) + (1 - \sin^2\theta)$

$\sin^2\theta + \cos^2\theta$

1

375

$(((\sec^2\theta - 1) + (\sec^2\theta - \tan^2\theta)) - ((\tan^2\theta + 1) - (\sec^2\theta - \tan^2\theta))) + (\csc^2\theta - 1)$

$((\tan^2\theta + 1) - (\sec^2\theta - 1)) + (\csc^2\theta - 1)$

$(\sec^2\theta - \tan^2\theta) + (\csc^2\theta - 1)$

$1 + \cot^2\theta$

$\csc^2\theta$

376

$(((\csc^2\theta - \cot^2\theta) / (\sin\theta / \tan\theta))((\cos\theta\tan\theta) / (\sin\theta / \cos\theta))) / (\cos\theta\tan\theta)$

$((1 / \cos\theta)(\sin\theta / \tan\theta)) / (\cos\theta\tan\theta)$

$(\sec\theta\cos\theta) / (\cos\theta\tan\theta)$

$1 / \sin\theta$

$\csc\theta$

377

$(((\tan^2\theta + 1) - (\sec^2\theta - \tan^2\theta)) + ((\tan^2\theta + 1) - (\sec^2\theta - 1))) - (\csc\theta\sin\theta)$

$((\sec^2\theta - 1) + (\sec^2\theta - \tan^2\theta)) - (\csc\theta\sin\theta)$

$(\tan^2\theta + 1) - (\csc\theta\sin\theta)$

$\sec^2\theta - 1$

$\tan^2\theta$

378

$(((\sin^2\theta + \cos^2\theta) / (\sin\theta / \tan\theta))((\cos\theta\tan\theta) / (\sin\theta / \cos\theta))) + (\csc^2\theta - 1)$

$((1 / \cos\theta)(\sin\theta / \tan\theta)) + (\csc^2\theta - 1)$

$(\sec\theta\cos\theta) + (\csc^2\theta - 1)$

$1 + \cot^2\theta$

$\csc^2\theta$

379

$(((\csc\theta\sin\theta) + (\csc^2\theta - 1)) - ((1 + \cot^2\theta) - (\csc\theta\sin\theta))) / (\cos\theta\tan\theta)$

$((1 + \cot^2\theta) - (\csc^2\theta - 1)) / (\cos\theta\tan\theta)$

$(\csc^2\theta - \cot^2\theta) / (\cos\theta\tan\theta)$

$1 / \sin\theta$

$\csc\theta$

380

$(((1 + \cot^2\theta) - (\csc^2\theta - 1)) + ((1 + \cot^2\theta) - (\sin^2\theta + \cos^2\theta))) - (\sec\theta\cos\theta)$

$((\csc^2\theta - \cot^2\theta) + (\csc^2\theta - 1)) - (\sec\theta\cos\theta)$

$(1 + \cot^2\theta) - (\sec\theta\cos\theta)$

$\csc^2\theta - 1$

$\cot^2\theta$

381

$(((\sec^2\theta - \tan^2\theta) + (\csc^2\theta - 1)) - ((1 + \cot^2\theta) - (\sec^2\theta - \tan^2\theta))) - (1 - \sin^2\theta)$

$((1 + \cot^2\theta) - (\csc^2\theta - 1)) - (1 - \sin^2\theta)$

$(\csc^2\theta - \cot^2\theta) - (1 - \sin^2\theta)$

$1 - \cos^2\theta$

$\sin^2\theta$

382

$(((\tan^2\theta + 1) - (\csc\theta\sin\theta)) + ((1 \,/\, \tan\theta)(\sin\theta \,/\, \cos\theta))) - (\sec^2\theta - 1)$

$((\sec^2\theta - 1) + (\cot\theta\tan\theta)) - (\sec^2\theta - 1)$

$(\tan^2\theta + 1) - (\sec^2\theta - 1)$

$\sec^2\theta - \tan^2\theta$

1

383

$(((\csc\theta\sin\theta) \,/\, (\sin\theta \,/\, \tan\theta))((\cos\theta\tan\theta) \,/\, (\sin\theta \,/\, \cos\theta))) \,/\, (\cos\theta\tan\theta)$

$((1 \,/\, \cos\theta)(\sin\theta \,/\, \tan\theta)) \,/\, (\cos\theta\tan\theta)$

$(\sec\theta\cos\theta) \,/\, (\cos\theta\tan\theta)$

$1 \,/\, \sin\theta$

$\csc\theta$

384

$(((\sec^2\theta - 1) + (\csc\theta\sin\theta)) - ((\tan^2\theta + 1) - (\sec^2\theta - 1))) + (\sec^2\theta - \tan^2\theta)$

$((\tan^2\theta + 1) - (\sec^2\theta - \tan^2\theta)) + (\sec^2\theta - \tan^2\theta)$

$(\sec^2\theta - 1) + (\sec^2\theta - \tan^2\theta)$

$\tan^2\theta + 1$

$\sec^2\theta$

385

$(((1 - \cos^2\theta) + (1 - \sin^2\theta)) - ((\cot\theta\tan\theta) - (1 - \cos^2\theta))) + (1 - \sin^2\theta)$

$((\sin^2\theta + \cos^2\theta) - (1 - \sin^2\theta)) + (1 - \sin^2\theta)$

$(1 - \cos^2\theta) + (1 - \sin^2\theta)$

$\sin^2\theta + \cos^2\theta$

1

386

$(((1 + \cot^2\theta) - (\csc^2\theta - 1)) - ((\csc\theta\sin\theta) - (1 - \cos^2\theta))) + (1 - \sin^2\theta)$

$((\csc^2\theta - \cot^2\theta) - (1 - \sin^2\theta)) + (1 - \sin^2\theta)$

$(1 - \cos^2\theta) + (1 - \sin^2\theta)$

$\sin^2\theta + \cos^2\theta$

1

387

$(((\csc^2\theta - \cot^2\theta) / (\sin\theta / \cos\theta))((\cos\theta\tan\theta) / (\sin\theta / \tan\theta))) / (\sin\theta / \cos\theta)$

$((1 / \tan\theta)(\sin\theta / \cos\theta)) / (\sin\theta / \cos\theta)$

$(\cot\theta\tan\theta) / (\sin\theta / \cos\theta)$

$1 / \tan\theta$

$\cot\theta$

388

$(((\csc^2\theta - \cot^2\theta) / (\cos\theta\tan\theta))((\sin\theta / \tan\theta)(\sin\theta / \cos\theta))) / (\cos\theta\tan\theta)$

$((1 / \sin\theta)(\cos\theta\tan\theta)) / (\cos\theta\tan\theta)$

$(\csc\theta\sin\theta) / (\cos\theta\tan\theta)$

$1 / \sin\theta$

$\csc\theta$

389

$(((\sin^2\theta + \cos^2\theta) + (\csc^2\theta - 1)) - ((1 + \cot^2\theta) - (\csc^2\theta - 1))) - (1 + \cot^2\theta)$

$((1 + \cot^2\theta) - (\csc^2\theta - \cot^2\theta)) - (1 + \cot^2\theta)$

$(\csc^2\theta - 1) - (1 + \cot^2\theta)$

$\csc^2\theta - \cot^2\theta$

-1

390

$(((\tan^2\theta + 1) - (\sec^2\theta - 1)) - ((\sec^2\theta - \tan^2\theta) - (1 - \cos^2\theta))) + (1 - \sin^2\theta)$

$((\sec^2\theta - \tan^2\theta) - (1 - \sin^2\theta)) + (1 - \sin^2\theta)$

$(1 - \cos^2\theta) + (1 - \sin^2\theta)$

$\sin^2\theta + \cos^2\theta$

1

391

$(((\tan^2\theta + 1) - (\sec\theta\cos\theta)) + ((1 - \cos^2\theta) + (1 - \sin^2\theta))) - (\sec^2\theta - 1)$

$((\sec^2\theta - 1) + (\sin^2\theta + \cos^2\theta)) - (\sec^2\theta - 1)$

$(\tan^2\theta + 1) - (\sec^2\theta - 1)$

$\sec^2\theta - \tan^2\theta$

1

392

$(((1 + \cot^2\theta) - (\csc^2\theta - 1)) + ((1 + \cot^2\theta) - (\sec\theta\cos\theta))) - (\sec^2\theta - \tan^2\theta)$

$((\csc^2\theta - \cot^2\theta) + (\csc^2\theta - 1)) - (\sec^2\theta - \tan^2\theta)$

$(1 + \cot^2\theta) - (\sec^2\theta - \tan^2\theta)$

$\csc^2\theta - 1$

$\cot^2\theta$

393

$(((\tan^2\theta + 1) - (\csc\theta\sin\theta)) + ((1/\cos\theta)(\sin\theta/\tan\theta))) - (\sec^2\theta - 1)$

$((\sec^2\theta - 1) + (\sec\theta\cos\theta)) - (\sec^2\theta - 1)$

$(\tan^2\theta + 1) - (\sec^2\theta - 1)$

$\sec^2\theta - \tan^2\theta$

1

394

$(((\cot\theta\tan\theta)/(\cos\theta\tan\theta))((\sin\theta/\tan\theta)(\sin\theta/\cos\theta))) - (1 - \sin^2\theta)$

$((1/\sin\theta)(\cos\theta\tan\theta)) - (1 - \sin^2\theta)$

$(\csc\theta\sin\theta) - (1 - \sin^2\theta)$

$1 - \cos^2\theta$

$\sin^2\theta$

395

$(((\tan^2\theta + 1) - (\sec^2\theta - \tan^2\theta)) + ((1 + \cot^2\theta) - (\csc^2\theta - 1))) - (\sin^2\theta + \cos^2\theta)$

$((\sec^2\theta - 1) + (\csc^2\theta - \cot^2\theta)) - (\sin^2\theta + \cos^2\theta)$

$(\tan^2\theta + 1) - (\sin^2\theta + \cos^2\theta)$

$\sec^2\theta - 1$

$\tan^2\theta$

396

$(((\tan^2\theta + 1) - (\cot\theta\tan\theta)) + ((1 / \cos\theta)(\sin\theta / \tan\theta))) - (\sec\theta\cos\theta)$

$((\sec^2\theta - 1) + (\sec\theta\cos\theta)) - (\sec\theta\cos\theta)$

$(\tan^2\theta + 1) - (\sec\theta\cos\theta)$

$\sec^2\theta - 1$

$\tan^2\theta$

397

$(((\sin^2\theta + \cos^2\theta) - (1 - \sin^2\theta)) + ((\sin^2\theta + \cos^2\theta) - (1 - \cos^2\theta))) - (1 - \cos^2\theta)$

$((1 - \cos^2\theta) + (1 - \sin^2\theta)) - (1 - \cos^2\theta)$

$(\sin^2\theta + \cos^2\theta) - (1 - \cos^2\theta)$

$1 - \sin^2\theta$

$\cos^2\theta$

398

$(((\sec\theta\cos\theta) / (\sin\theta / \cos\theta))((\cos\theta\tan\theta) / (\sin\theta / \tan\theta))) - (1 - \cos^2\theta)$

$((1 / \tan\theta)(\sin\theta / \cos\theta)) - (1 - \cos^2\theta)$

$(\cot\theta\tan\theta) - (1 - \cos^2\theta)$

$1 - \sin^2\theta$

$\cos^2\theta$

399

$(((\tan^2\theta + 1) - (\csc^2\theta - \cot^2\theta)) + ((1/\cos\theta)(\sin\theta/\tan\theta))) - (\cot\theta\tan\theta)$

$((\sec^2\theta - 1) + (\sec\theta\cos\theta)) - (\cot\theta\tan\theta)$

$(\tan^2\theta + 1) - (\cot\theta\tan\theta)$

$\sec^2\theta - 1$

$\tan^2\theta$

400

$(((\tan^2\theta + 1) - (\csc\theta\sin\theta)) + ((1 - \cos^2\theta) + (1 - \sin^2\theta))) - (\sec^2\theta - \tan^2\theta)$

$((\sec^2\theta - 1) + (\sin^2\theta + \cos^2\theta)) - (\sec^2\theta - \tan^2\theta)$

$(\tan^2\theta + 1) - (\sec^2\theta - \tan^2\theta)$

$\sec^2\theta - 1$

$\tan^2\theta$

401

$(((\sec^2\theta - 1) + (\csc\theta\sin\theta)) - ((1/\tan\theta)(\sin\theta/\cos\theta))) + (\cot\theta\tan\theta)$

$((\tan^2\theta + 1) - (\cot\theta\tan\theta)) + (\cot\theta\tan\theta)$

$(\sec^2\theta - 1) + (\cot\theta\tan\theta)$

$\tan^2\theta + 1$

$\sec^2\theta$

402

$(((\sin^2\theta + \cos^2\theta) / (\sin\theta / \cos\theta))((\cos\theta\tan\theta) / (\sin\theta / \tan\theta))) + (\csc^2\theta - 1)$

$((1 / \tan\theta)(\sin\theta / \cos\theta)) + (\csc^2\theta - 1)$

$(\cot\theta\tan\theta) + (\csc^2\theta - 1)$

$1 + \cot^2\theta$

$\csc^2\theta$

403

$(((\tan^2\theta + 1) - (\cot\theta\tan\theta)) + ((\tan^2\theta + 1) - (\sec^2\theta - 1))) - (\sec^2\theta - \tan^2\theta)$

$((\sec^2\theta - 1) + (\sec^2\theta - \tan^2\theta)) - (\sec^2\theta - \tan^2\theta)$

$(\tan^2\theta + 1) - (\sec^2\theta - \tan^2\theta)$

$\sec^2\theta - 1$

$\tan^2\theta$

404

$(((\tan^2\theta + 1) - (\cot\theta\tan\theta)) + ((1 / \tan\theta)(\sin\theta / \cos\theta))) - (\cot\theta\tan\theta)$

$((\sec^2\theta - 1) + (\cot\theta\tan\theta)) - (\cot\theta\tan\theta)$

$(\tan^2\theta + 1) - (\cot\theta\tan\theta)$

$\sec^2\theta - 1$

$\tan^2\theta$

405

$(((\sec^2\theta - 1) + (\sin^2\theta + \cos^2\theta)) - ((1 / \cos\theta)(\sin\theta / \tan\theta))) + (\sec^2\theta - \tan^2\theta)$

$((\tan^2\theta + 1) - (\sec\theta\cos\theta)) + (\sec^2\theta - \tan^2\theta)$

$(\sec^2\theta - 1) + (\sec^2\theta - \tan^2\theta)$

$\tan^2\theta + 1$

$\sec^2\theta$

406

$(((1 / \tan\theta)(\sin\theta / \cos\theta)) - ((\sin^2\theta + \cos^2\theta) - (1 - \cos^2\theta))) + (1 - \sin^2\theta)$

$((\cot\theta\tan\theta) - (1 - \sin^2\theta)) + (1 - \sin^2\theta)$

$(1 - \cos^2\theta) + (1 - \sin^2\theta)$

$\sin^2\theta + \cos^2\theta$

1

407

$(((\sec\theta\cos\theta) + (\csc^2\theta - 1)) - ((1 / \sin\theta)(\cos\theta\tan\theta))) - (1 + \cot^2\theta)$

$((1 + \cot^2\theta) - (\csc\theta\sin\theta)) - (1 + \cot^2\theta)$

$(\csc^2\theta - 1) - (1 + \cot^2\theta)$

$\csc^2\theta - \cot^2\theta$

-1

408

$(((1 - \cos^2\theta) + (1 - \sin^2\theta)) + ((1 + \cot^2\theta) - (\sin^2\theta + \cos^2\theta))) - (\cot\theta\tan\theta)$

$((\sin^2\theta + \cos^2\theta) + (\csc^2\theta - 1)) - (\cot\theta\tan\theta)$

$(1 + \cot^2\theta) - (\cot\theta\tan\theta)$

$\csc^2\theta - 1$

$\cot^2\theta$

409

$(((\cot\theta\tan\theta) / (\sin\theta / \cos\theta))((\cos\theta\tan\theta) / (\sin\theta / \tan\theta))) / (\cos\theta\tan\theta)$

$((1 / \tan\theta)(\sin\theta / \cos\theta)) / (\cos\theta\tan\theta)$

$(\cot\theta\tan\theta) / (\cos\theta\tan\theta)$

$1 / \sin\theta$

$\csc\theta$

410

$(((\tan^2\theta + 1) - (\sec^2\theta - 1)) + ((1 + \cot^2\theta) - (\sec\theta\cos\theta))) - (\cot\theta\tan\theta)$

$((\sec^2\theta - \tan^2\theta) + (\csc^2\theta - 1)) - (\cot\theta\tan\theta)$

$(1 + \cot^2\theta) - (\cot\theta\tan\theta)$

$\csc^2\theta - 1$

$\cot^2\theta$

411

$(((\csc\theta\sin\theta) / (\sin\theta / \cos\theta))((\cos\theta\tan\theta) / (\sin\theta / \tan\theta))) / (\sin\theta / \tan\theta)$

$((1 / \tan\theta)(\sin\theta / \cos\theta)) / (\sin\theta / \tan\theta)$

$(\cot\theta\tan\theta) / (\sin\theta / \tan\theta)$

$1 / \cos\theta$

$\sec\theta$

412

$(((1 / \tan\theta)(\sin\theta / \cos\theta)) + ((1 + \cot^2\theta) - (\sec\theta\cos\theta))) - (\csc^2\theta - \cot^2\theta)$

$((\cot\theta\tan\theta) + (\csc^2\theta - 1)) - (\csc^2\theta - \cot^2\theta)$

$(1 + \cot^2\theta) - (\csc^2\theta - \cot^2\theta)$

$\csc^2\theta - 1$

$\cot^2\theta$

413

$(((\csc^2\theta - \cot^2\theta) / (\sin\theta / \cos\theta))((\cos\theta\tan\theta) / (\sin\theta / \tan\theta))) + (\csc^2\theta - 1)$

$((1 / \tan\theta)(\sin\theta / \cos\theta)) + (\csc^2\theta - 1)$

$(\cot\theta\tan\theta) + (\csc^2\theta - 1)$

$1 + \cot^2\theta$

$\csc^2\theta$

414

$(((\tan^2\theta + 1) - (\sec^2\theta - 1)) + ((1 + \cot^2\theta) - (\csc\theta\sin\theta))) - (\sec\theta\cos\theta)$

$((\sec^2\theta - \tan^2\theta) + (\csc^2\theta - 1)) - (\sec\theta\cos\theta)$

$(1 + \cot^2\theta) - (\sec\theta\cos\theta)$

$\csc^2\theta - 1$

$\cot^2\theta$

415

$(((\sec^2\theta - 1) + (\cot\theta\tan\theta)) - ((\tan^2\theta + 1) - (\sec^2\theta - 1))) + (\csc^2\theta - \cot^2\theta)$

$((\tan^2\theta + 1) - (\sec^2\theta - \tan^2\theta)) + (\csc^2\theta - \cot^2\theta)$

$(\sec^2\theta - 1) + (\csc^2\theta - \cot^2\theta)$

$\tan^2\theta + 1$

$\sec^2\theta$

416

$(((1 / \sin\theta)(\cos\theta\tan\theta)) + ((1 + \cot^2\theta) - (\sec\theta\cos\theta))) - (\sec^2\theta - \tan^2\theta)$

$((\csc\theta\sin\theta) + (\csc^2\theta - 1)) - (\sec^2\theta - \tan^2\theta)$

$(1 + \cot^2\theta) - (\sec^2\theta - \tan^2\theta)$

$\csc^2\theta - 1$

$\cot^2\theta$

417

$(((\tan^2\theta + 1) - (\sin^2\theta + \cos^2\theta)) + ((1 - \cos^2\theta) + (1 - \sin^2\theta))) - (\csc^2\theta - \cot^2\theta)$

$((\sec^2\theta - 1) + (\sin^2\theta + \cos^2\theta)) - (\csc^2\theta - \cot^2\theta)$

$(\tan^2\theta + 1) - (\csc^2\theta - \cot^2\theta)$

$\sec^2\theta - 1$

$\tan^2\theta$

418

$(((\sec\theta\cos\theta) - (1 - \sin^2\theta)) + ((\sec\theta\cos\theta) - (1 - \cos^2\theta))) - (1 - \sin^2\theta)$

$((1 - \cos^2\theta) + (1 - \sin^2\theta)) - (1 - \sin^2\theta)$

$(\sin^2\theta + \cos^2\theta) - (1 - \sin^2\theta)$

$1 - \cos^2\theta$

$\sin^2\theta$

419

$(((\tan^2\theta + 1) - (\sec\theta\cos\theta)) + ((1 / \tan\theta)(\sin\theta / \cos\theta))) - (\sec\theta\cos\theta)$

$((\sec^2\theta - 1) + (\cot\theta\tan\theta)) - (\sec\theta\cos\theta)$

$(\tan^2\theta + 1) - (\sec\theta\cos\theta)$

$\sec^2\theta - 1$

$\tan^2\theta$

420

$(((\sec^2\theta - \tan^2\theta) / (\sin\theta / \cos\theta))((\cos\theta\tan\theta) / (\sin\theta / \tan\theta))) - (1 - \cos^2\theta)$

$((1 / \tan\theta)(\sin\theta / \cos\theta)) - (1 - \cos^2\theta)$

$(\cot\theta\tan\theta) - (1 - \cos^2\theta)$

$1 - \sin^2\theta$

$\cos^2\theta$

421

$(((\tan^2\theta + 1) - (\csc^2\theta - \cot^2\theta)) + ((1 / \tan\theta)(\sin\theta / \cos\theta))) - (\sec^2\theta - \tan^2\theta)$

$((\sec^2\theta - 1) + (\cot\theta\tan\theta)) - (\sec^2\theta - \tan^2\theta)$

$(\tan^2\theta + 1) - (\sec^2\theta - \tan^2\theta)$

$\sec^2\theta - 1$

$\tan^2\theta$

422

$(((\sec\theta\cos\theta) + (\csc^2\theta - 1)) - ((1 + \cot^2\theta) - (\sec\theta\cos\theta))) / (\sin\theta / \cos\theta)$

$((1 + \cot^2\theta) - (\csc^2\theta - 1)) / (\sin\theta / \cos\theta)$

$(\csc^2\theta - \cot^2\theta) / (\sin\theta / \cos\theta)$

$1 / \tan\theta$

$\cot\theta$

423

$(((1 + \cot^2\theta) - (\csc^2\theta - 1)) + ((1 + \cot^2\theta) - (\sec\theta\cos\theta))) - (\sin^2\theta + \cos^2\theta)$

$((\csc^2\theta - \cot^2\theta) + (\csc^2\theta - 1)) - (\sin^2\theta + \cos^2\theta)$

$(1 + \cot^2\theta) - (\sin^2\theta + \cos^2\theta)$

$\csc^2\theta - 1$

$\cot^2\theta$

424

$(((\csc^2\theta - \cot^2\theta) / (\sin\theta / \cos\theta))((\cos\theta\tan\theta) / (\sin\theta / \tan\theta))) - (1 - \cos^2\theta)$

$((1 / \tan\theta)(\sin\theta / \cos\theta)) - (1 - \cos^2\theta)$

$(\cot\theta\tan\theta) - (1 - \cos^2\theta)$

$1 - \sin^2\theta$

$\cos^2\theta$

425

$(((\tan^2\theta + 1) - (\sec^2\theta - 1)) - ((\csc^2\theta - \cot^2\theta) - (1 - \cos^2\theta))) + (1 - \sin^2\theta)$

$((\sec^2\theta - \tan^2\theta) - (1 - \sin^2\theta)) + (1 - \sin^2\theta)$

$(1 - \cos^2\theta) + (1 - \sin^2\theta)$

$\sin^2\theta + \cos^2\theta$

1

426

$(((\tan^2\theta + 1) - (\csc^2\theta - \cot^2\theta)) + ((1 / \tan\theta)(\sin\theta / \cos\theta))) - (\sec^2\theta - 1)$

$((\sec^2\theta - 1) + (\cot\theta\tan\theta)) - (\sec^2\theta - 1)$

$(\tan^2\theta + 1) - (\sec^2\theta - 1)$

$\sec^2\theta - \tan^2\theta$

1

427

$(((\csc\theta\sin\theta) - (1 - \sin^2\theta)) + ((\csc\theta\sin\theta) - (1 - \cos^2\theta))) - (1 - \sin^2\theta)$

$((1 - \cos^2\theta) + (1 - \sin^2\theta)) - (1 - \sin^2\theta)$

$(\sin^2\theta + \cos^2\theta) - (1 - \sin^2\theta)$

$1 - \cos^2\theta$

$\sin^2\theta$

428

$((((\cot\theta\tan\theta) / (\sin\theta / \cos\theta))((\cos\theta\tan\theta) / (\sin\theta / \tan\theta))) - (1 - \cos^2\theta)$

$((1 / \tan\theta)(\sin\theta / \cos\theta)) - (1 - \cos^2\theta)$

$(\cot\theta\tan\theta) - (1 - \cos^2\theta)$

$1 - \sin^2\theta$

$\cos^2\theta$

429

$(((\tan^2\theta + 1) - (\sec\theta\cos\theta)) + ((1 / \cos\theta)(\sin\theta / \tan\theta))) - (\sec^2\theta - 1)$

$((\sec^2\theta - 1) + (\sec\theta\cos\theta)) - (\sec^2\theta - 1)$

$(\tan^2\theta + 1) - (\sec^2\theta - 1)$

$\sec^2\theta - \tan^2\theta$

1

430

$(((\sec^2\theta - 1) + (\sec\theta\cos\theta)) - ((1 / \cos\theta)(\sin\theta / \tan\theta))) + (\sin^2\theta + \cos^2\theta)$

$((\tan^2\theta + 1) - (\sec\theta\cos\theta)) + (\sin^2\theta + \cos^2\theta)$

$(\sec^2\theta - 1) + (\sin^2\theta + \cos^2\theta)$

$\tan^2\theta + 1$

$\sec^2\theta$

431

$(((\cot\theta\tan\theta) + (\csc^2\theta - 1)) - ((1 + \cot^2\theta) - (\cot\theta\tan\theta))) - (1 - \sin^2\theta)$

$((1 + \cot^2\theta) - (\csc^2\theta - 1)) - (1 - \sin^2\theta)$

$(\csc^2\theta - \cot^2\theta) - (1 - \sin^2\theta)$

$1 - \cos^2\theta$

$\sin^2\theta$

432

$(((\csc^2\theta - \cot^2\theta) / (\cos\theta\tan\theta))((\sin\theta / \tan\theta)(\sin\theta / \cos\theta))) - (1 - \cos^2\theta)$

$((1 / \sin\theta)(\cos\theta\tan\theta)) - (1 - \cos^2\theta)$

$(\csc\theta\sin\theta) - (1 - \cos^2\theta)$

$1 - \sin^2\theta$

$\cos^2\theta$

433

$(((\cot\theta\tan\theta) / (\sin\theta / \cos\theta))((\cos\theta\tan\theta) / (\sin\theta / \tan\theta))) - (1 - \sin^2\theta)$

$((1 / \tan\theta)(\sin\theta / \cos\theta)) - (1 - \sin^2\theta)$

$(\cot\theta\tan\theta) - (1 - \sin^2\theta)$

$1 - \cos^2\theta$

$\sin^2\theta$

434

$(((\sec^2\theta - 1) + (\sec\theta\cos\theta)) - ((1 + \cot^2\theta) - (\csc^2\theta - 1))) + (\sec^2\theta - \tan^2\theta)$

$((\tan^2\theta + 1) - (\csc^2\theta - \cot^2\theta)) + (\sec^2\theta - \tan^2\theta)$

$(\sec^2\theta - 1) + (\sec^2\theta - \tan^2\theta)$

$\tan^2\theta + 1$

$\sec^2\theta$

435

$(((\sec^2\theta - \tan^2\theta) / (\sin\theta / \tan\theta))((\cos\theta\tan\theta) / (\sin\theta / \cos\theta))) + (\csc^2\theta - 1)$

$((1 / \cos\theta)(\sin\theta / \tan\theta)) + (\csc^2\theta - 1)$

$(\sec\theta\cos\theta) + (\csc^2\theta - 1)$

$1 + \cot^2\theta$

$\csc^2\theta$

436

$(((\tan^2\theta + 1) - (\csc^2\theta - \cot^2\theta)) + ((1 + \cot^2\theta) - (\csc^2\theta - 1))) - (\sec^2\theta - \tan^2\theta)$

$((\sec^2\theta - 1) + (\csc^2\theta - \cot^2\theta)) - (\sec^2\theta - \tan^2\theta)$

$(\tan^2\theta + 1) - (\sec^2\theta - \tan^2\theta)$

$\sec^2\theta - 1$

$\tan^2\theta$

437

$(((\csc^2\theta - \cot^2\theta) + (\csc^2\theta - 1)) - ((1 + \cot^2\theta) - (\csc^2\theta - 1))) - (1 + \cot^2\theta)$

$((1 + \cot^2\theta) - (\csc^2\theta - \cot^2\theta)) - (1 + \cot^2\theta)$

$(\csc^2\theta - 1) - (1 + \cot^2\theta)$

$\csc^2\theta - \cot^2\theta$

-1

438

$(((1 - \cos^2\theta) + (1 - \sin^2\theta)) + ((1 + \cot^2\theta) - (\sin^2\theta + \cos^2\theta))) - (\sec^2\theta - \tan^2\theta)$

$((\sin^2\theta + \cos^2\theta) + (\csc^2\theta - 1)) - (\sec^2\theta - \tan^2\theta)$

$(1 + \cot^2\theta) - (\sec^2\theta - \tan^2\theta)$

$\csc^2\theta - 1$

$\cot^2\theta$

439

$(((\tan^2\theta + 1) - (\csc\theta\sin\theta)) + ((1 + \cot^2\theta) - (\csc^2\theta - 1))) - (\sec^2\theta - 1)$

$((\sec^2\theta - 1) + (\csc^2\theta - \cot^2\theta)) - (\sec^2\theta - 1)$

$(\tan^2\theta + 1) - (\sec^2\theta - 1)$

$\sec^2\theta - \tan^2\theta$

1

440

$(((\sec\theta\cos\theta) / (\sin\theta / \cos\theta))((\cos\theta\tan\theta) / (\sin\theta / \tan\theta))) - (1 - \sin^2\theta)$

$((1 / \tan\theta)(\sin\theta / \cos\theta)) - (1 - \sin^2\theta)$

$(\cot\theta\tan\theta) - (1 - \sin^2\theta)$

$1 - \cos^2\theta$

$\sin^2\theta$

441

$(((1 + \cot^2\theta) - (\csc^2\theta - 1)) + ((1 + \cot^2\theta) - (\sec^2\theta - \tan^2\theta))) - (\sin^2\theta + \cos^2\theta)$

$((\csc^2\theta - \cot^2\theta) + (\csc^2\theta - 1)) - (\sin^2\theta + \cos^2\theta)$

$(1 + \cot^2\theta) - (\sin^2\theta + \cos^2\theta)$

$\csc^2\theta - 1$

$\cot^2\theta$

442

$(((\tan^2\theta + 1) - (\sec\theta\cos\theta)) + ((\tan^2\theta + 1) - (\sec^2\theta - 1))) - (\sec\theta\cos\theta)$

$((\sec^2\theta - 1) + (\sec^2\theta - \tan^2\theta)) - (\sec\theta\cos\theta)$

$(\tan^2\theta + 1) - (\sec\theta\cos\theta)$

$\sec^2\theta - 1$

$\tan^2\theta$

443

$(((\tan^2\theta + 1) - (\sec^2\theta - \tan^2\theta)) + ((1 + \cot^2\theta) - (\csc^2\theta - 1))) - (\sec^2\theta - 1)$

$((\sec^2\theta - 1) + (\csc^2\theta - \cot^2\theta)) - (\sec^2\theta - 1)$

$(\tan^2\theta + 1) - (\sec^2\theta - 1)$

$\sec^2\theta - \tan^2\theta$

1

444

$(((\sec^2\theta - 1) + (\csc\theta\sin\theta)) - ((1 \ / \ \tan\theta)(\sin\theta / \cos\theta))) + (\sec\theta\cos\theta)$

$((\tan^2\theta + 1) - (\cot\theta\tan\theta)) + (\sec\theta\cos\theta)$

$(\sec^2\theta - 1) + (\sec\theta\cos\theta)$

$\tan^2\theta + 1$

$\sec^2\theta$

445

$(((\sin^2\theta + \cos^2\theta) \ / \ (\sin\theta / \cos\theta))((\cos\theta\tan\theta) / (\sin\theta / \tan\theta))) - (1 - \sin^2\theta)$

$((1 \ / \ \tan\theta)(\sin\theta / \cos\theta)) - (1 - \sin^2\theta)$

$(\cot\theta\tan\theta) - (1 - \sin^2\theta)$

$1 - \cos^2\theta$

$\sin^2\theta$

446

$(((\cot\theta\tan\theta) - (1 - \sin^2\theta)) + ((\cot\theta\tan\theta) - (1 - \cos^2\theta))) + (\csc^2\theta - 1)$

$((1 - \cos^2\theta) + (1 - \sin^2\theta)) + (\csc^2\theta - 1)$

$(\sin^2\theta + \cos^2\theta) + (\csc^2\theta - 1)$

$1 + \cot^2\theta$

$\csc^2\theta$

447

$(((1/\sin\theta)(\cos\theta\tan\theta)) + ((1 + \cot^2\theta) - (\csc\theta\sin\theta))) - (\sin^2\theta + \cos^2\theta)$

$((\csc\theta\sin\theta) + (\csc^2\theta - 1)) - (\sin^2\theta + \cos^2\theta)$

$(1 + \cot^2\theta) - (\sin^2\theta + \cos^2\theta)$

$\csc^2\theta - 1$

$\cot^2\theta$

448

$(((\sin^2\theta + \cos^2\theta) / (\sin\theta / \cos\theta))((\cos\theta\tan\theta) / (\sin\theta / \tan\theta))) - (1 - \cos^2\theta)$

$((1/\tan\theta)(\sin\theta/\cos\theta)) - (1 - \cos^2\theta)$

$(\cot\theta\tan\theta) - (1 - \cos^2\theta)$

$1 - \sin^2\theta$

$\cos^2\theta$

449

$(((\cot\theta\tan\theta) + (\csc^2\theta - 1)) - ((1 + \cot^2\theta) - (\csc^2\theta - 1))) - (1 + \cot^2\theta)$

$((1 + \cot^2\theta) - (\csc^2\theta - \cot^2\theta)) - (1 + \cot^2\theta)$

$(\csc^2\theta - 1) - (1 + \cot^2\theta)$

$\csc^2\theta - \cot^2\theta$

-1

450

$(((\csc\theta\sin\theta) + (\csc^2\theta - 1)) - ((1 + \cot^2\theta) - (\csc\theta\sin\theta))) - (1 - \sin^2\theta)$

$((1 + \cot^2\theta) - (\csc^2\theta - 1)) - (1 - \sin^2\theta)$

$(\csc^2\theta - \cot^2\theta) - (1 - \sin^2\theta)$

$1 - \cos^2\theta$

$\sin^2\theta$

451

$(((\sin^2\theta + \cos^2\theta) - (1 - \sin^2\theta)) + ((\sin^2\theta + \cos^2\theta) - (1 - \cos^2\theta))) + (\csc^2\theta - 1)$

$((1 - \cos^2\theta) + (1 - \sin^2\theta)) + (\csc^2\theta - 1)$

$(\sin^2\theta + \cos^2\theta) + (\csc^2\theta - 1)$

$1 + \cot^2\theta$

$\csc^2\theta$

452

$(((\sec^2\theta - 1) + (\csc^2\theta - \cot^2\theta)) - ((\tan^2\theta + 1) - (\csc^2\theta - \cot^2\theta))) / (\cos\theta\tan\theta)$

$((\tan^2\theta + 1) - (\sec^2\theta - 1)) / (\cos\theta\tan\theta)$

$(\sec^2\theta - \tan^2\theta) / (\cos\theta\tan\theta)$

$1 / \sin\theta$

$\csc\theta$

453

$(((\cot\theta\tan\theta) + (\csc^2\theta - 1)) - ((1 \;/\; \tan\theta)(\sin\theta \;/\; \cos\theta))) - (1 + \cot^2\theta)$

$((1 + \cot^2\theta) - (\cot\theta\tan\theta)) - (1 + \cot^2\theta)$

$(\csc^2\theta - 1) - (1 + \cot^2\theta)$

$\csc^2\theta - \cot^2\theta$

-1

454

$(((\csc^2\theta - \cot^2\theta) \;/\; (\cos\theta\tan\theta))((\sin\theta \;/\; \tan\theta)(\sin\theta \;/\; \cos\theta))) - (1 - \sin^2\theta\;)$

$((1 \;/\; \sin\theta)(\cos\theta\tan\theta)) - (1 - \sin^2\theta\;)$

$(\csc\theta\sin\theta) - (1 - \sin^2\theta\;)$

$1 - \cos^2\theta$

$\sin^2\theta$

455

$(((\tan^2\theta + 1) - (\sec\theta\cos\theta)) + ((1 \;/\; \sin\theta)(\cos\theta\tan\theta))) - (\sec^2\theta - 1)$

$((\sec^2\theta - 1) + (\csc\theta\sin\theta)) - (\sec^2\theta - 1)$

$(\tan^2\theta + 1) - (\sec^2\theta - 1)$

$\sec^2\theta - \tan^2\theta$

1

456

$(((1 - \cos^2\theta) + (1 - \sin^2\theta)) + ((1 + \cot^2\theta) - (\csc^2\theta - \cot^2\theta))) - (\sec^2\theta - \tan^2\theta)$

$((\sin^2\theta + \cos^2\theta) + (\csc^2\theta - 1)) - (\sec^2\theta - \tan^2\theta)$

$(1 + \cot^2\theta) - (\sec^2\theta - \tan^2\theta)$

$\csc^2\theta - 1$

$\cot^2\theta$

457

$(((\sec^2\theta - 1) + (\sec^2\theta - \tan^2\theta)) - ((\tan^2\theta + 1) - (\sec^2\theta - \tan^2\theta))) - (1 - \cos^2\theta)$

$((\tan^2\theta + 1) - (\sec^2\theta - 1)) - (1 - \cos^2\theta)$

$(\sec^2\theta - \tan^2\theta) - (1 - \cos^2\theta)$

$1 - \sin^2\theta$

$\cos^2\theta$

458

$(((\sec^2\theta - 1) + (\sec\theta\cos\theta)) - ((\tan^2\theta + 1) - (\sec\theta\cos\theta))) - (1 - \cos^2\theta)$

$((\tan^2\theta + 1) - (\sec^2\theta - 1)) - (1 - \cos^2\theta)$

$(\sec^2\theta - \tan^2\theta) - (1 - \cos^2\theta)$

$1 - \sin^2\theta$

$\cos^2\theta$

459

$(((\sec^2\theta - 1) + (\csc^2\theta - \cot^2\theta)) - ((\tan^2\theta + 1) - (\csc^2\theta - \cot^2\theta))) - (1 - \sin^2\theta)$

$((\tan^2\theta + 1) - (\sec^2\theta - 1)) - (1 - \sin^2\theta)$

$(\sec^2\theta - \tan^2\theta) - (1 - \sin^2\theta)$

$1 - \cos^2\theta$

$\sin^2\theta$

460

$(((\cot\theta\tan\theta) / (\sin\theta / \cos\theta))((\cos\theta\tan\theta) / (\sin\theta / \tan\theta))) + (\csc^2\theta - 1)$

$((1 / \tan\theta)(\sin\theta / \cos\theta)) + (\csc^2\theta - 1)$

$(\cot\theta\tan\theta) + (\csc^2\theta - 1)$

$1 + \cot^2\theta$

$\csc^2\theta$

461

$(((\tan^2\theta + 1) - (\sec^2\theta - \tan^2\theta)) + ((1 / \tan\theta)(\sin\theta / \cos\theta))) - (\csc\theta\sin\theta)$

$((\sec^2\theta - 1) + (\cot\theta\tan\theta)) - (\csc\theta\sin\theta)$

$(\tan^2\theta + 1) - (\csc\theta\sin\theta)$

$\sec^2\theta - 1$

$\tan^2\theta$

462

$(((\csc\theta\sin\theta) + (\csc^2\theta - 1)) - ((1 - \cos^2\theta) + (1 - \sin^2\theta))) - (1 + \cot^2\theta)$

$((1 + \cot^2\theta) - (\sin^2\theta + \cos^2\theta)) - (1 + \cot^2\theta)$

$(\csc^2\theta - 1) - (1 + \cot^2\theta)$

$\csc^2\theta - \cot^2\theta$

-1

463

$(((1 + \cot^2\theta) - (\csc^2\theta - 1)) + ((1 + \cot^2\theta) - (\sec^2\theta - \tan^2\theta))) - (\cot\theta\tan\theta)$

$((\csc^2\theta - \cot^2\theta) + (\csc^2\theta - 1)) - (\cot\theta\tan\theta)$

$(1 + \cot^2\theta) - (\cot\theta\tan\theta)$

$\csc^2\theta - 1$

$\cot^2\theta$

464

$(((\cot\theta\tan\theta) / (\cos\theta\tan\theta))((\sin\theta / \tan\theta)(\sin\theta / \cos\theta))) / (\cos\theta\tan\theta)$

$((1 / \sin\theta)(\cos\theta\tan\theta)) / (\cos\theta\tan\theta)$

$(\csc\theta\sin\theta) / (\cos\theta\tan\theta)$

$1 / \sin\theta$

$\csc\theta$

465

$(((\tan^2\theta + 1) - (\csc\theta\sin\theta)) + ((1 / \sin\theta)(\cos\theta\tan\theta))) - (\cot\theta\tan\theta)$

$((\sec^2\theta - 1) + (\csc\theta\sin\theta)) - (\cot\theta\tan\theta)$

$(\tan^2\theta + 1) - (\cot\theta\tan\theta)$

$\sec^2\theta - 1$

$\tan^2\theta$

466

$(((1 + \cot^2\theta) - (\csc^2\theta - 1)) + ((1 + \cot^2\theta) - (\csc^2\theta - \cot^2\theta))) - (\cot\theta\tan\theta)$

$((\csc^2\theta - \cot^2\theta) + (\csc^2\theta - 1)) - (\cot\theta\tan\theta)$

$(1 + \cot^2\theta) - (\cot\theta\tan\theta)$

$\csc^2\theta - 1$

$\cot^2\theta$

467

$(((\tan^2\theta + 1) - (\sin^2\theta + \cos^2\theta)) + ((\tan^2\theta + 1) - (\sec^2\theta - 1))) - (\sec^2\theta - \tan^2\theta)$

$((\sec^2\theta - 1) + (\sec^2\theta - \tan^2\theta)) - (\sec^2\theta - \tan^2\theta)$

$(\tan^2\theta + 1) - (\sec^2\theta - \tan^2\theta)$

$\sec^2\theta - 1$

$\tan^2\theta$

468

$(((\sec^2θ - 1) + (\cscθ\sinθ)) - ((\tan^2θ + 1) - (\cscθ\sinθ))) - (1 - \sin^2θ)$

$((\tan^2θ + 1) - (\sec^2θ - 1)) - (1 - \sin^2θ)$

$(\sec^2θ - \tan^2θ) - (1 - \sin^2θ)$

$1 - \cos^2θ$

$\sin^2θ$

469

$(((\tan^2θ + 1) - (\sec^2θ - 1)) + ((1 + \cot^2θ) - (\sin^2θ + \cos^2θ))) - (\secθ\cosθ)$

$((\sec^2θ - \tan^2θ) + (\csc^2θ - 1)) - (\secθ\cosθ)$

$(1 + \cot^2θ) - (\secθ\cosθ)$

$\csc^2θ - 1$

$\cot^2θ$

470

$(((\cscθ\sinθ) / (\cosθ\tanθ))((\sinθ / \tanθ)(\sinθ / \cosθ))) + (\csc^2θ - 1)$

$((1 / \sinθ)(\cosθ\tanθ)) + (\csc^2θ - 1)$

$(\cscθ\sinθ) + (\csc^2θ - 1)$

$1 + \cot^2θ$

$\csc^2θ$

471

$(((1/\cos\theta)(\sin\theta/\tan\theta)) + ((1 + \cot^2\theta) - (\cot\theta\tan\theta))) - (\csc\theta\sin\theta)$

$((\sec\theta\cos\theta) + (\csc^2\theta - 1)) - (\csc\theta\sin\theta)$

$(1 + \cot^2\theta) - (\csc\theta\sin\theta)$

$\csc^2\theta - 1$

$\cot^2\theta$

472

$(((\cot\theta\tan\theta)/(\cos\theta\tan\theta))((\sin\theta/\tan\theta)(\sin\theta/\cos\theta)))/(\sin\theta/\tan\theta)$

$((1/\sin\theta)(\cos\theta\tan\theta))/(\sin\theta/\tan\theta)$

$(\csc\theta\sin\theta)/(\sin\theta/\tan\theta)$

$1/\cos\theta$

$\sec\theta$

473

$(((\tan^2\theta + 1) - (\sec\theta\cos\theta)) + ((1 + \cot^2\theta) - (\csc^2\theta - 1))) - (\sec^2\theta - 1)$

$((\sec^2\theta - 1) + (\csc^2\theta - \cot^2\theta)) - (\sec^2\theta - 1)$

$(\tan^2\theta + 1) - (\sec^2\theta - 1)$

$\sec^2\theta - \tan^2\theta$

1

474

$(((1 + \cot^2\theta) - (\csc^2\theta - 1)) - ((\cot\theta\tan\theta) - (1 - \cos^2\theta))) + (1 - \sin^2\theta)$

$((\csc^2\theta - \cot^2\theta) - (1 - \sin^2\theta)) + (1 - \sin^2\theta)$

$(1 - \cos^2\theta) + (1 - \sin^2\theta)$

$\sin^2\theta + \cos^2\theta$

1

475

$(((\sec^2\theta - \tan^2\theta) + (\csc^2\theta - 1)) - ((1 / \tan\theta)(\sin\theta / \cos\theta))) - (1 + \cot^2\theta)$

$((1 + \cot^2\theta) - (\cot\theta\tan\theta)) - (1 + \cot^2\theta)$

$(\csc^2\theta - 1) - (1 + \cot^2\theta)$

$\csc^2\theta - \cot^2\theta$

-1

476

$(((\tan^2\theta + 1) - (\sec\theta\cos\theta)) + ((1 - \cos^2\theta) + (1 - \sin^2\theta))) - (\csc^2\theta - \cot^2\theta)$

$((\sec^2\theta - 1) + (\sin^2\theta + \cos^2\theta)) - (\csc^2\theta - \cot^2\theta)$

$(\tan^2\theta + 1) - (\csc^2\theta - \cot^2\theta)$

$\sec^2\theta - 1$

$\tan^2\theta$

477

$(((\sec^2\theta - \tan^2\theta) + (\csc^2\theta - 1)) - ((1 + \cot^2\theta) - (\sec^2\theta - \tan^2\theta))) / (\sin\theta / \tan\theta)$

$((1 + \cot^2\theta) - (\csc^2\theta - 1)) / (\sin\theta / \tan\theta)$

$(\csc^2\theta - \cot^2\theta) / (\sin\theta / \tan\theta)$

$1 / \cos\theta$

$\sec\theta$

478

$(((1 / \tan\theta)(\sin\theta / \cos\theta)) - ((\csc^2\theta - \cot^2\theta) - (1 - \cos^2\theta))) + (1 - \sin^2\theta)$

$((\cot\theta\tan\theta) - (1 - \sin^2\theta)) + (1 - \sin^2\theta)$

$(1 - \cos^2\theta) + (1 - \sin^2\theta)$

$\sin^2\theta + \cos^2\theta$

1

479

$(((\sec^2\theta - 1) + (\cot\theta\tan\theta)) - ((\tan^2\theta + 1) - (\sec^2\theta - 1))) + (\sec^2\theta - \tan^2\theta)$

$((\tan^2\theta + 1) - (\sec^2\theta - \tan^2\theta)) + (\sec^2\theta - \tan^2\theta)$

$(\sec^2\theta - 1) + (\sec^2\theta - \tan^2\theta)$

$\tan^2\theta + 1$

$\sec^2\theta$

480

$(((\sec^2\theta - 1) + (\sin^2\theta + \cos^2\theta)) - ((1 + \cot^2\theta) - (\csc^2\theta - 1))) + (\sec\theta\cos\theta)$

$((\tan^2\theta + 1) - (\csc^2\theta - \cot^2\theta)) + (\sec\theta\cos\theta)$

$(\sec^2\theta - 1) + (\sec\theta\cos\theta)$

$\tan^2\theta + 1$

$\sec^2\theta$

481

$(((\sec^2\theta - 1) + (\sec^2\theta - \tan^2\theta)) - ((1 / \cos\theta)(\sin\theta / \tan\theta))) + (\sec\theta\cos\theta)$

$((\tan^2\theta + 1) - (\sec\theta\cos\theta)) + (\sec\theta\cos\theta)$

$(\sec^2\theta - 1) + (\sec\theta\cos\theta)$

$\tan^2\theta + 1$

$\sec^2\theta$

482

$(((1 / \cos\theta)(\sin\theta / \tan\theta)) + ((1 + \cot^2\theta) - (\csc^2\theta - \cot^2\theta))) - (\sec\theta\cos\theta)$

$((\sec\theta\cos\theta) + (\csc^2\theta - 1)) - (\sec\theta\cos\theta)$

$(1 + \cot^2\theta) - (\sec\theta\cos\theta)$

$\csc^2\theta - 1$

$\cot^2\theta$

483

$(((\sec^2\theta - 1) + (\sec\theta\cos\theta)) - ((1 / \cos\theta)(\sin\theta / \tan\theta))) + (\csc^2\theta - \cot^2\theta)$

$((\tan^2\theta + 1) - (\sec\theta\cos\theta)) + (\csc^2\theta - \cot^2\theta)$

$(\sec^2\theta - 1) + (\csc^2\theta - \cot^2\theta)$

$\tan^2\theta + 1$

$\sec^2\theta$

484

$(((\sec^2\theta - 1) + (\csc\theta\sin\theta)) - ((1 / \sin\theta)(\cos\theta\tan\theta))) + (\csc\theta\sin\theta)$

$((\tan^2\theta + 1) - (\csc\theta\sin\theta)) + (\csc\theta\sin\theta)$

$(\sec^2\theta - 1) + (\csc\theta\sin\theta)$

$\tan^2\theta + 1$

$\sec^2\theta$

485

$(((1 / \sin\theta)(\cos\theta\tan\theta)) + ((1 + \cot^2\theta) - (\sec^2\theta - \tan^2\theta))) - (\csc^2\theta - \cot^2\theta)$

$((\csc\theta\sin\theta) + (\csc^2\theta - 1)) - (\csc^2\theta - \cot^2\theta)$

$(1 + \cot^2\theta) - (\csc^2\theta - \cot^2\theta)$

$\csc^2\theta - 1$

$\cot^2\theta$

486

$(((1 / \tan\theta)(\sin\theta / \cos\theta)) + ((1 + \cot^2\theta) - (\csc\theta\sin\theta))) - (\cot\theta\tan\theta)$

$((\cot\theta\tan\theta) + (\csc^2\theta - 1)) - (\cot\theta\tan\theta)$

$(1 + \cot^2\theta) - (\cot\theta\tan\theta)$

$\csc^2\theta - 1$

$\cot^2\theta$

487

$(((1 / \cos\theta)(\sin\theta / \tan\theta)) + ((1 + \cot^2\theta) - (\csc^2\theta - \cot^2\theta))) - (\sin^2\theta + \cos^2\theta)$

$((\sec\theta\cos\theta) + (\csc^2\theta - 1)) - (\sin^2\theta + \cos^2\theta)$

$(1 + \cot^2\theta) - (\sin^2\theta + \cos^2\theta)$

$\csc^2\theta - 1$

$\cot^2\theta$

488

$(((1 / \sin\theta)(\cos\theta\tan\theta)) - ((\sec^2\theta - \tan^2\theta) - (1 - \cos^2\theta))) + (1 - \sin^2\theta)$

$((\csc\theta\sin\theta) - (1 - \sin^2\theta)) + (1 - \sin^2\theta)$

$(1 - \cos^2\theta) + (1 - \sin^2\theta)$

$\sin^2\theta + \cos^2\theta$

1

489

$(((1 - \cos^2\theta) + (1 - \sin^2\theta)) + ((1 + \cot^2\theta) - (\sin^2\theta + \cos^2\theta))) - (\csc\theta\sin\theta)$

$((\sin^2\theta + \cos^2\theta) + (\csc^2\theta - 1)) - (\csc\theta\sin\theta)$

$(1 + \cot^2\theta) - (\csc\theta\sin\theta)$

$\csc^2\theta - 1$

$\cot^2\theta$

490

$(((\csc\theta\sin\theta) / (\sin\theta / \cos\theta))((\cos\theta\tan\theta) / (\sin\theta / \tan\theta))) - (1 - \cos^2\theta)$

$((1 / \tan\theta)(\sin\theta / \cos\theta)) - (1 - \cos^2\theta)$

$(\cot\theta\tan\theta) - (1 - \cos^2\theta)$

$1 - \sin^2\theta$

$\cos^2\theta$

491

$(((\csc\theta\sin\theta) / (\sin\theta / \tan\theta))((\cos\theta\tan\theta) / (\sin\theta / \cos\theta))) / (\sin\theta / \tan\theta)$

$((1 / \cos\theta)(\sin\theta / \tan\theta)) / (\sin\theta / \tan\theta)$

$(\sec\theta\cos\theta) / (\sin\theta / \tan\theta)$

$1 / \cos\theta$

$\sec\theta$

492

$(((\tan^2\theta + 1) - (\cot\theta\tan\theta)) + ((\tan^2\theta + 1) - (\sec^2\theta - 1))) - (\sec^2\theta - 1)$

$((\sec^2\theta - 1) + (\sec^2\theta - \tan^2\theta)) - (\sec^2\theta - 1)$

$(\tan^2\theta + 1) - (\sec^2\theta - 1)$

$\sec^2\theta - \tan^2\theta$

1

493

$(((1 - \cos^2\theta) + (1 - \sin^2\theta)) + ((1 + \cot^2\theta) - (\csc\theta\sin\theta))) - (\cot\theta\tan\theta)$

$((\sin^2\theta + \cos^2\theta) + (\csc^2\theta - 1)) - (\cot\theta\tan\theta)$

$(1 + \cot^2\theta) - (\cot\theta\tan\theta)$

$\csc^2\theta - 1$

$\cot^2\theta$

494

$(((\cot\theta\tan\theta) + (\csc^2\theta - 1)) - ((1 + \cot^2\theta) - (\cot\theta\tan\theta))) / (\cos\theta\tan\theta)$

$((1 + \cot^2\theta) - (\csc^2\theta - 1)) / (\cos\theta\tan\theta)$

$(\csc^2\theta - \cot^2\theta) / (\cos\theta\tan\theta)$

$1 / \sin\theta$

$\csc\theta$

495

$(((\tan^2\theta + 1) - (\cot\theta\tan\theta)) + ((1 + \cot^2\theta) - (\csc^2\theta - 1))) - (\sec^2\theta - 1)$

$((\sec^2\theta - 1) + (\csc^2\theta - \cot^2\theta)) - (\sec^2\theta - 1)$

$(\tan^2\theta + 1) - (\sec^2\theta - 1)$

$\sec^2\theta - \tan^2\theta$

1

496

$(((\sec^2\theta - 1) + (\sec^2\theta - \tan^2\theta)) - ((1 + \cot^2\theta) - (\csc^2\theta - 1))) + (\sin^2\theta + \cos^2\theta)$

$((\tan^2\theta + 1) - (\csc^2\theta - \cot^2\theta)) + (\sin^2\theta + \cos^2\theta)$

$(\sec^2\theta - 1) + (\sin^2\theta + \cos^2\theta)$

$\tan^2\theta + 1$

$\sec^2\theta$

497

$(((\sec\theta\cos\theta) / (\sin\theta / \tan\theta))((\cos\theta\tan\theta) / (\sin\theta / \cos\theta))) + (\csc^2\theta - 1)$

$((1 / \cos\theta)(\sin\theta / \tan\theta)) + (\csc^2\theta - 1)$

$(\sec\theta\cos\theta) + (\csc^2\theta - 1)$

$1 + \cot^2\theta$

$\csc^2\theta$

498

$(((\tan^2\theta + 1) - (\csc\theta\sin\theta)) + ((1 + \cot^2\theta) - (\csc^2\theta - 1))) - (\sin^2\theta + \cos^2\theta)$

$((\sec^2\theta - 1) + (\csc^2\theta - \cot^2\theta)) - (\sin^2\theta + \cos^2\theta)$

$(\tan^2\theta + 1) - (\sin^2\theta + \cos^2\theta)$

$\sec^2\theta - 1$

$\tan^2\theta$

499

$(((\sec^2\theta - 1) + (\sec\theta\cos\theta)) - ((\tan^2\theta + 1) - (\sec^2\theta - 1))) + (\csc^2\theta - \cot^2\theta)$

$((\tan^2\theta + 1) - (\sec^2\theta - \tan^2\theta)) + (\csc^2\theta - \cot^2\theta)$

$(\sec^2\theta - 1) + (\csc^2\theta - \cot^2\theta)$

$\tan^2\theta + 1$

$\sec^2\theta$

500

$(((\sec^2\theta - 1) + (\sin^2\theta + \cos^2\theta)) - ((1 - \cos^2\theta) + (1 - \sin^2\theta))) + (\sin^2\theta + \cos^2\theta)$

$((\tan^2\theta + 1) - (\sin^2\theta + \cos^2\theta)) + (\sin^2\theta + \cos^2\theta)$

$(\sec^2\theta - 1) + (\sin^2\theta + \cos^2\theta)$

$\tan^2\theta + 1$

$\sec^2\theta$

501

$(((\sec^2\theta - \tan^2\theta) / (\cos\theta\tan\theta))((\sin\theta / \tan\theta)(\sin\theta / \cos\theta))) / (\cos\theta\tan\theta)$

$((1 / \sin\theta)(\cos\theta\tan\theta)) / (\cos\theta\tan\theta)$

$(\csc\theta\sin\theta) / (\cos\theta\tan\theta)$

$1 / \sin\theta$

$\csc\theta$

www.ingramcontent.com/pod-product-compliance
Lightning Source LLC
Chambersburg PA
CBHW031613210526
45464CB00004B/1559